公共关系智库丛书

GONGGUAN YISHU

公关艺术

崔和平 ◎ 著

中国农业出版社

北 京

内 容 提 要

　　公共关系学在我国正在逐渐发展成为沟通社会公众、调适社会关系、化解社会矛盾、平衡社会利益的重要学科。《公关艺术》试图以真实的历史案例、丰富的实践经验、专业的学术分析探讨提高社会治理体系和社会治理能力现代化的思想认识和实践方法。

　　本书适合社会学者、国家机关工作人员、企业管理者、公关职业者、高校及职业教育学院师生作为培训教材使用。

公 共 关 系 智 库 丛 书 致 谢

　　值此《公关艺术》出版之际，我首先要衷心感谢各界朋友们的支持和帮助！

　　在写作过程中我得到很多热心朋友提出的指导意见，一些朋友还以自己的亲身经历帮助我回忆历史，考证书中案例内容的翔实，其中不乏曾身处要职的领导人、外交官、专家、艺术工作者以及各行各业平凡而伟大的普通人士。

　　新加坡许多友好人士也为我的写作给予了多方面的支持。特别感谢《联合早报》的一些朋友们在历史回顾、信息检索等方面提供了非常具体的帮助，这对完善案例内容和考证历史事件至关重要。

　　我还要特别感谢的是新华社中国经济信息社主任编辑王天文同志。他是一位资深的新闻工作者，身处领导岗位，却在百忙之余为本书部分章节内容的语句修辞、语法结构、纠正别字、写作规范等做了非常仔细、严谨、专业的修改和审稿，对我做了非常重要的写作指导。他通读了书稿后以一位读者的视角，专业的知识，客观、严谨、实事求是的态度为本书撰写了"读者书评"。

　　以上这些朋友很多都是年轻一代，也有我的同代人，更有我所尊敬的前辈。我在大家的鼓励和帮助下得以完成这本书的写作，这本书浸透着各界朋友们的关心、爱护、信任、支持、智慧，我要借此机会向朋友们表达最衷心的感谢和敬意！

当然，这本书之所以能够顺利出版并与读者们见面还离不开各有关部门和机构的大力支持与帮助，其中包括中国国家版权局、中国农业出版社以及各界我所熟悉的、不熟悉的领导、专家、编辑、老师和朋友们，在这里我向大家一并致谢！

作者：崔和平

作者简介

崔和平　早年毕业于中国人民大学（Renmin University of China）新闻专业；后获得国立南澳大利亚大学（University of South Australia）工商管理硕士学位。

自 20 世纪 80 年代初热心于公共关系学理论的引进与传播，是美国惠普（HP）公司进入中国后的首任公共关系事务高级负责人；曾先后为麦道飞机（McDonnell Douglas）公司、杜邦（DUPONT）公司、奥美（O&M）公共关系公司、瑞士雷达表（RADO）公司、美国电话电报（AT&T）公司等众多著名国际企业的总裁和知名人士拓展中国事业担任过长期或项目顾问；1989 年 7 月经中国政府批准将国际 SOS 紧急救援中心（International SOS）引进中国，并为其总裁担任高级顾问达 13 年之久，是中国较早从事公共关系职业的专业人士之一。

在国际紧急救援事业生涯中，崔和平早在 1990 年提出的理论："紧急救援就是当人们（个体或群体）在社会活动中遇到自身力量所不可抗力的困难或危险时，得到他人或社会力量所给予的救助和支援，是使其从困境或危险中得以解脱为目的的特殊行为。所谓特殊行为就是指快速的、打破常规的、行之有效的行动。"至今仍被国际业界所普遍认同。

在中国境内发生的"千岛湖事件"、"北京长城直升机空难"、"深圳机场空难"、"甘肃空难"、"西藏救援日本病危女游客"、"新疆救援新加坡遇险游客"、"青海救援法国病危探险者"等诸多紧急救援活动中做出过积极的贡献，并且最早向中国政府提出"将涉外紧急救援工作从以往的政府包办转为专业化、国际化、产业化的服务，建立新型的社会安全保障体系"的建议受到中央政府高度重视，曾受到过"联合国第四次世界妇女大会"组织委员会的表彰。中国影视界也以其亲身经历为题材创作了灾难类故事影片《圣爱》剧本。

2006 年 1 月受清华大学公共管理学院（School of Public Policy & Management Tsinghua University）邀请回国参与了中国应急管理研究基地——奥运安全等重要课题研究和促进国际合作项目。

他自主研发的《中国公共危机管理》系列培训课程受到众多高校、研究机构、政府、企业等各界的欢迎。

读者书评

　　西方公共关系理论形成已有一百多年的历史，现代意义的公共关系学在我国也正在逐渐发展成为沟通社会公众、调适社会关系、化解社会矛盾、平衡社会利益的重要学科。

　　崔和平老师是引进公共关系学理论研究、传播公共关系实践成果的先行者之一，他曾为数家世界著名跨国企业担任公共关系顾问、开展公共关系活动，也是我国较早从事公共关系职业、研究公共关系理论与实践的资深专业人士。

　　"政治公关""外交公关"等行为早在我国先秦时代就已被古人所记载，被称为"辩士"的职业说客奔走各国，他们巧舌如簧、随机应变，"苏秦合纵""张仪连横"的公关故事流传千古，鬼谷子纵横之术也堪称我国古代的"公共关系"学术成果。

　　当今我们处在全球化、信息化、媒介化、关系化的时代，小至个人与个人之间、个人与单位之间，大到企业与政府、企业与社会乃至国家与国家之间，都迫切需要维护正常关系、树立正面形象、赢得彼此信任、谋求广泛认同。现代意义的公共关系理念无论作为一种社会职业还是社会活动，在我国还都处在"初级阶段"，人们既对公共关系的健康发展充满期待，也对长期以来盛行的"拉裙带关系""搞人情攻关"憎恶痛恨。

　　在这种背景下，一些公共关系研究学者将普及公关知识、宣传公关理念、培养公关人才作为自己责无旁贷的使命，通过各种途径、采取多种方式致力于推进公共关系行业发展规范化、专业化、产业化，为公共关系学扩大社会影响、提升行业地位作出了自己不懈的努力。

崔和平老师深耕公共关系学领域数十载，成功策划并实施了一系列政府、企业重要公关活动，经历和指导了众多突发事件的应急处理过程，有着丰富的理论研究与实践成果。我曾经在北京大学聆听崔老师讲授公共关系学这门课，崔老师的授课条理清晰、思路严谨，标准的普通话抑扬顿挫、声情并茂，很富有感染力。讲课中穿插大量具体事例，其中不乏崔老师的亲身经历。对于这些蕴含着深刻道理的故事他娓娓道来，以小见大、深入浅出，讲课生动立体、发人深思，从一个特殊角度为我们观察社会打开一扇窗户。

——《公关艺术》是一本教科书，它阐明了公共关系的基本概念、内涵外延、主要内容、研究对象、策略方法等理论概念，力求从教学需要出发，以媒体沟通、商务谈判、危机处理、组织文化为重点，对公关艺术、传播策划、语言组织、危机应对等作了具体阐述，帮助读者系统掌握公共关系学的理论与实践、现象与本质、方法与规律，也澄清了人们对公共关系的一些误解，让读者更加清楚地认识公共关系的本质。

——《公关艺术》是一本回忆录，书中很多案例是崔和平老师的亲身经历，是他几十年来理论研究、实践探索、经验总结的写照。崔老师坚持从实际出发，注重在实践中研究和解决问题，第七章公关案例更是他从业几十年的经验提炼与智慧总结。2003年"非典"疫情发生后建议我国政府组织钟南山院士等一批医学专家赴新加坡开展中西医学术交流，体现了崔老师"不畏浮云遮望眼"的宽阔视野；1995年联合国第四次世界妇女大会期间，面对联合国警察提出持装备入境参与会议安保工作，"世界动物保护组织"申请裸体游行，"世界艾滋病患者联盟"要求到中国出席活动，会议期间发生重大交通事故导致美国代表一死两伤，南非公众人物温妮·曼德拉国内银行存款和账户突然被冻结面临无法回国而节外生枝等一系列问题，崔老师一一提出处理意见和积极建议，彰显他"乱云飞渡仍从容"的强大定力。

——《公关艺术》也是一本实用手册，是专业性很强的管理技能工具书，在各行各业公关领域为读者解疑释惑、提供指引。书中总结归纳的诸多有效的思维方法、管理手段、处理模式，都基于实际案例的回顾、梳理与分析。比如"迂回思考""赞美他人""善于倾听"三种有效的公关工作方法，就是对美国杜邦公司董事长伍立德先生1991年5月首次访华整个活动过程的总结。面对突发事件一些部门或组织往往不会应对，或闭口不语或侥幸拖延或忙于"甩锅"或避重就轻，处理过程往往简单粗暴，容易引发"次生灾害"。第五章危机公关告诉读者如何在危机到来的时候牢牢把握主动权，正确分析、准确研判，快速反应、积极应对，重塑组织完美形象，体现了作者的大胸怀、大格局、大智慧。

本书回应热点、直面难点、解疑释惑，讲述精彩故事、分享真知灼见，既有对成功案例的总结，也有对失败事件的剖析，能让每一位读者都"开卷有益"。崔和平老师坚守工匠精神，通过自己的视角以科学的态度和思维全面而不是片面、辩证而不是机械、客观而不是主观地研究问题、观察事物，用生动鲜活的案例讲述寓意深刻的故事，既拉近了与读者的距离，又给读者以启发和思考。全书语言简洁、文风朴实，不发无病呻吟之言，不做无关痛痒之论，不表哗众取宠之态，不啻为大众读物中的佼佼者和优秀样本。

新华社中国经济信息社　王天文

公 共 关 系 智 库 丛 书 前 言

适逢新中国成立 70 年，改革开放 40 年，今非昔比旧貌换新颜，祖国发生了翻天覆地的变化，社会各领域成就斐然，世界有目共睹。成就属于中国，贡献归功于世界。

在新的国内外形势下，中国的国门将会越开越大，国际责任会越来越重。国家提出"人类命运共同体""构建新型大国关系""共建一带一路"等新的外交倡议引起国际社会的普遍关注和世界人民的普遍期盼。

新形势、新环境、新目标、新挑战，无论是社会管理者还是企业经营者无不感到世界正在发生巨变，人类正在迎接"新工业革命"的到来，中国面临新的发展机遇。然而机遇与风险永远相伴，如何驾驭机会防范风险成为大家所热议的新话题。

"战胜前进道路上的各种风险挑战，必须在坚持和完善中国特色社会主义制度、推进国家治理体系和治理能力现代化上下更大功夫。"① 这是中国可持续发展的最高决策，也是各条战线、各行各业在发展中面对各种风险和挑战的自我完善和能力提升的根本之策。

作者依据 50 年的社会实践经验和 20 年的学术研究，撰写了《公关艺术》一书，力求在科学认识、学术思考、实践总结、方法归纳四个方面梳

---

① 引自：中共十九届四中全会通过的《中共中央关于坚持和完善中国特色社会主义制度、推进国家治理体系和治理能力现代化若干重大问题的决定》。

理出适合不同职业读者共性的社会行为意识、工作技能和实践经验，从而适应未来的社会环境，改进社会关系，促进社会进步。

与其说这是一本学术著作不如说是一本通俗易懂的职业技能教材，力求让每一位不同职业的读者都能够开卷有益。

崔和平

2020 年 4 月

公 共 关 系 智 库 丛 书

第四章　商务公关

第五章　危机公关

第六章　公关文化

第七章　公关案例

第八章　结束语

第一章

公 关 艺 术

一、概论

1. 何谓公共关系

公共关系是在社会公共环境下人们相互作用、相互影响的行为状态。公共关系是组织、集体或个人有意识地改善与社会关系的行为活动，是争取社会理解与接受的主动管理，是为了适应和影响社会而做出的积极努力。

2. 何谓公共关系学

公共关系行为自古有之，而公共关系学则是现代学术领域的一门前沿学科。公共关系学是以公共关系行为、现象、状态、规律、方法为研究对象，集行为学、管理学、大众传播学等诸多学科为一体的交叉学科。

3. 组织管理为何必须重视公共关系

无论何种组织形态，其领导者都应该认识到组织最重要的环境影响因素之一就是竞争者。从图 1-1 中我们可以分析竞争者能够给企业组织带来的各方面影响因素。

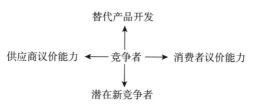

图 1-1　波特五力模型图

图 1-1 中所示为企业在经营中通常所面对的五种竞争力，在这些企业竞争影响因素之间又渗透着复杂的相互作用关系，也可以被看作是企业外部公共关系的形态。这些关系的健康状态又无不直接影响着企业的生存与发展。所以我们需要努力提升企业的公共关系能力，也就是提高企业的竞争力。

企业竞争力的三大战略思维是以资源为本的战略思维、以竞争为本的战略思维和以顾客为本的战略思维。这三大战略思维没有优劣之分和前后之分，仅仅反映了企业在不同环境下制定战略时的思考方向，也可以两者或三者兼施。这三大战略思维的有效实施无不体现公共关系能力的绩效。企业战略思维是立足现在、谋划未来以及创造价值的一门管理艺术。

作为政府组织或是非政府组织抑或存在着竞争者、潜在竞争者、新技术替代、公众满意度、可利用资源的五种竞争力关系。政府领导力与企业竞争力之间也存在着密不可分的相互影响和作用关系。

4. 公共关系是组织追求良好形象的艺术

良好形象是展现时代风采的最高境界，良好形象是打扮时代风貌的时尚艺术。

不少人认为从事公关工作的人一定要年轻貌美和善于交际应酬，其目的是利益交换。也有人认为从事公共关系工作的人为人处事要八面玲珑，能够四面八方广结关系，甚至为了达到目的可以不择手段、罔顾法律等。我们必须知道这些观点都是对公共关系的认识误区，是庸俗"公共关系"。健康的公共关系行为是人们为了实现组织的目标而表现出的一种社会责任行为，而公共关系学就是针对这样的社会责任行为以科学的态度进行研究，并提出理论、规律、原则、规矩的健康管理行为学说。公共关系管理行为直接造就了组织良好的社会形象和他人对组织良好的印象。

5. 何谓公众形象

能够影响公众印象、感觉和评价的具体形状或行为姿态称为公众形象，组织形象的受众是社会公众。公关人自身的行为与实践是形成公众对组织印象、感觉和评价的素质表现。形象是职业公关人的事业基石、组织的社会象征。

6. 组织为何要树立形象意识

组织在公众面前努力建立良好的形象是增强竞争力的需要，是获取公信力的需要，是提升组织力的需要，是开拓与创新的需要，是争取社会认同的需要，是现代文明社会的需要，是实现组织变革的需要，是促进可持续发展的需要。

就企业而言在市场产品趋于相同的情况下，企业形象的内容不仅仅限于产品的质量和价格，更重要的是企业整体所表现出来的诚信、正直、友善、活力、想象力、进取、能力等精神面貌。

因此组织形象要通过公共关系活动来建立和调整。组织形象的优劣直接影响组织目标的实现。[①]

7. 职业公关人的健康状态分析

从事公共关系工作人员的健康状态直接影响到公关绩效，这里所说的健康状态是特指员工的精神和心理健康。形象地说"内科健康"包括了胸怀、博识、毅力、责任。"外科健康"包括了仪表、礼仪、谦卑、气质。

一些人在不同的工作环境和职业优势下总是会不自觉地滋生和流露出或多或少的傲气、霸气、匪气、邪气、俗气、娇气都会给人以厌恶的感觉，产生不好的印象。个别人表露的这些习气往往影响的是人们对组织的看法和评价，也就会令组织形象受到损害。因此在组织管理中，工作人员的健康状态管理也是非常重要的细节，这就要从加强个人修养的培训和完善管理制度两个方面入手加以改进。

二、形象塑造

良好的形象基础在于素质，这是组织与个人紧密关联关系的认识。素质是一个人在社会生活中思想与行为的具体表现，其中包括自然素质（先天的）、心理素质和文化素质（后天的）。

形象又可以分为组织内部的公众形象，这里所指的公众就是每一位组织成员。具体体现在组织内部成员之间彼此的信任、赞美、授权、沟通、关怀、温馨、责任、监督、自律等方面。而组织外部的形象则会侧重于在

---

① 引自：百度百科"组织形象"词条。

社会公众面前表现出的谦虚、诚恳、倾听、慎言、信誉、公正、廉洁、奉献等方面。

也有学者把人的素质归纳为八种类型，既政治素质、思想素质、道德素质、业务素质、审美素质、劳技素质、身体素质、心理素质。

要培养组织成员具有以上素质并非易事，尤其是组织的领导人特别要注意不可在智慧中夹杂着傲慢，也不能在谦虚中缺少智慧，无论是在组织内部还是外部构建和谐的人际关系都至关重要。

1. 何谓和谐的人际关系

和谐的人际关系就是人与人之间相互交往过程中所形成的良好心理关系状态，在社会交往过程中彼此力求建立基本利益一致，心理距离相近，思想包容性强，彼此情感认同的相互关系。

和谐的人际关系在社会实践活动中通常表现为人与人之间能够求同存异、取长补短、通力合作、配合默契，情感比较容易沟通，在生产劳动过程中心情愉快，能够充分发挥人的主观能动性，使人的劳动能力和才华得到最大限度的施展。

2. 形象设计与评价元素

良好的组织形象需要精心的设计，并有意识、有计划地将组织的各种良好的特征向社会公众主动地展示与传播，使公众在社会环境中对某一个特定的组织有一个标志化、差异化的印象和认识，以便更好地识别并留下良好的印象。例如，与众不同的管理理念的传播，组织文化在具体的管理行为中的对外展现等。

企业可以通过媒体报道、商业广告、产品标识、商标、品牌、包装、企业生产环境和厂容厂貌、社会公益活动等向社会凸显良好形象的视觉化效果等。

对组织形象能够形成良好印象、感觉和评价的九个重要元素：

心灵——富于情感融合的文化和价值观认同感。

沟通——善于、主动、友善、无障碍的交流能力。

修养——展现世界观、人生观的综合素质的表现。

语言——能够使人感觉舒服和充分理解的口语表达能力。

环境——视觉和体感的舒适程度体验。

着装——职业着装体现着尊敬、尊严、得体、形象。

顾问——善于借用外智，接纳专业意见的决策习惯。

传媒——注重媒体关系和舆论的影响力。

组织——重视公信力和社会责任表现，热衷于社会公益事业。

当然，对组织形象能够产生潜移默化影响的不仅仅是这九个重要的评价元素，这些仅仅是最直接、最经常、最敏感、最重要的影响元素。九个元素之间还会相互作用、相互影响、相互改变。在良好的组织公共关系构建过程中必须对其赋予具体的管理内涵和策略，也是组织微观管理的细节所在。

3. 口才是塑造公众形象的重要技能

口才是人际交往中口语表达的才能。是具有思想性、规范性、创造性、哲理性和艺术性的高层次沟通。具有口才能力的人讲话中一定是言之有物、言之有序、言之有理、言之有情、富于哲理，具有吸引力。

有学者将口才更加明确地定义为：在口语交际的过程中，表达主体运用准确、得体、生动、巧妙、有效的口语表达策略，达到特定的交际目的，取得圆满交际效果的口语表达的艺术和技巧。

三、公关沟通

通过有效沟通往往能够把复杂的事情变为简单，把看起来办不到的事情变为可能。在合法的前提下似乎没有什么事情办不到，而只有不会办事的人。人际关系虽然复杂，但是掌握沟通的技巧并不困难。

公关沟通能力是一项很重要的工作技能，往往会决定双方关系最终的结果。

下面讲述一个我亲身经历过的历史故事，详细讲解公关沟通的过程和方法。

1991年5月7日，美国杜邦公司董事长伍立德先生（Mr. Ed. Woolard）首次访问中国。这是杜邦公司在一个非常特殊和敏感的历史时期安排的访问活动，为了充分保障访问取得成功，我有幸受邀担任了董事长访问期间的公共关系顾问，负责宣传策划和协调与中国各方的关系。

首先我们回顾一下整个活动的过程，1991年5月7日上午，伍立德董事长一行乘坐的商务飞机降落在北京首都国际机场专机坪。受到中国国际信托公司（CITIC）领导和杜邦公司驻华企业高层管理人员的欢迎。

伍立德董事长的访华引起了中国高层领导的重视，5月8日中央领导在中南海会见了他。中央领导对杜邦公司多年来对华卓有成效的合作表示赞赏！赞扬杜邦选择中国作为合作对象是有眼光的，合作的前景是良好的。伍立德表示，中国改革开放对杜邦公司有很大吸引力，希望中国能长期稳定的向前发展。杜邦愿意为中国的发展做出贡献![1]

会见结束后，伍立德董事长一行又来到人民大会堂。国务院主管经济工作的领导在大会堂西门外欢迎来宾，双方虽是第一次见面，如同故友重逢，紧紧握手互相问候，共同步入大会堂西大厅合影留念。会见中国务院领导高度赞扬了伍立德董事长的发展战略眼光，并详细介绍了中国经济发展计划和有关对知识产权保护的立场、态度和政策，令伍立德董事长感到十分欣慰。[2]

当晚，中央电视台新闻联播头条报道了此次会见。新闻联播结束后的《世界各地》专题节目播出了专题片《尼龙人类的重大发明》，让广大观众了解到杜邦公司的科技发明与人类生活改变的历史故事。在建国门外中国国际信托投资公司总部大楼顶楼的宴会厅，伍立德夫妇和随行人员也围坐在餐桌前饶有兴致地观看了中央电视台的新闻报道和专题节目，观后伍立德董事长高兴地说："我们公司已经有200多年的发展历史，即便在美国也从来没有享受过如此的殊荣，我深深感受到中国政府和人民的友好、热情！"

9日上午伍立德董事长偕夫人和女儿来到中国煤矿文工团，受到瞿弦和团长及全体演艺人员的热烈欢迎，他们观摩了年轻演员们的舞蹈排练。下午客人们饶有兴致地参观了宏伟的故宫紫禁城。

5月10日上午在中国国际贸易中心一层大报告厅，杜邦公司为千余位中国各界来宾举办了"环境与发展报告会"，伍立德董事长代表美国杜邦公司发表了以《发展中国家的环境保护》为题的主旨演讲。

---

① 引自：1991年5月8日CCTV19：00《新闻联播》报道。
② 引自：1991年5月8日CCTV19：00《新闻联播》报道。

伍立德董事长在人民大会堂大宴会厅隆重举行宴会，招待中国各界友人

崔和平　摄影

　　他在演讲中指出，持续发展是关乎发展中国家利益的大问题，重要的是首先要满足人民的需要，并把产品推广到世界各地，以至推动国家与民族间的和平与了解。发展中国家持续发展的方法就是与跨国公司合作，这些跨国公司通常都会在所到国家制定严格的环保条例，而且自觉接受当地政府的环保监管。

　　他建议发展中国家建立统一的环保标准，采取一视同仁的环保政策，这些国家应该鼓励投资，引进先进的环保科技。环境清洁是世界上每一个人的基本期望，中国有句谚语，"留得青山在不怕没柴烧"。他希望中国在经济迅速发展的过程中能够为下一代着想，保持优美而清洁的自然环境。报告精辟地说明了保护环境和经济发展的双重要义。

　　伍立德董事长的讲话受到与会来宾的高度评价，并报以热烈的掌声！随后现场播放了杜邦公司的环保宣传影片《人类只有一个地球》，中央电视台著名播音员赵忠祥带有磁性且被公众所熟悉的华语配音引起现场观众的一片赞叹，给影片平添了几分色彩。

　　5月11日伍立德董事长一行来到上海，下榻在西郊宾馆。

　　那时的上海是中国最大的工业基地和海港城市，也是中国人口最多的大都市，上海有着一百多年的工业发展历史。

当天下午，时任上海市市长到宾馆看望了伍立德董事长一行。市长对杜邦公司的战略眼光和选择上海作为投资地给予了高度评价。同时对伍立德董事长提出的知识产权保护问题表示完全理解。他说："中国正在完善这方面的工作和政策，中国政府对知识产权保护一向重视。"伍立德董事长提出了许多具体、详细的话题，市长一一给予耐心的介绍，会谈气氛非常融洽，一晃就是两个多小时，会见结束时天色已近黄昏。①

12日上午伍立德偕夫人、女儿参观玉佛寺。晴天作美，玉佛增光，步入这一方净土似乎给客人们蒙上了几分神秘的色彩。玉佛寺住持真禅法师亲自接待客人。

伍立德董事长（右）与作者亲切合影

崔和平　供稿

5月12日下午伍立德董事长一行来到浦东经济开发区为杜邦公司在中国投资建立的第一个合资企业"上海杜邦农化有限公司"主持奠基仪式。杜邦公司将在这里建立生产"农得时水稻田除草剂"的工厂。这是杜邦公司耗时八年，耗资5 000万美元开发研制出的高科技产品，也是杜邦公司诸多农化产品最受重视的专利技术之一，每公顷土地施用20克就可以

① 引自：CCTV随行采访组会见现场报道。

去除 30 多种阔叶杂草。增产稻谷 15%～20%，可大幅度提高农业效益。

杜邦公司带来农民喜欢的"农得时"，伍立德董事长又栽下了一棵上海市花白玉兰树，作为杜邦公司与中国合作友谊的象征。播撒"农得时"滋生粮米，佳慧群生，造福子孙，保护环境使经济持续发展。

伍立德董事长（右一）一行在上海浦东经济开发区视察投资环境

崔和平 摄影

访问行程即将结束，伍立德董事长临行前应邀接受中央电视台采访时表示："这是我第一次访问中国，这次访问是卓有成效的。我想讲三个话题：第一是杜邦公司与中国政府的关系，包括中央政府和上海市地方政府。我和中国领导人进行了建设性的会谈，这关系到杜邦公司与中国未来的进一步合作与发展规划。这对中国和中国人民来说都是十分有益的。第二是中国本地员工给我留下十分深刻的印象。这些优秀员工不仅能够为杜邦公司带来财富，也能够在公司与中国政府的沟通方面起到桥梁的作用。第三是在中国开拓和发展市场方面，杜邦公司有信心凭借先进的科学技术和管理技能达到预期目标，这些都显得尤为重要。

我这次访问是成功的，这无论是对杜邦公司还是对中国都是一次机会。杜邦公司在中国获得了很高的声誉，我们要在此基础上进一步发展。我们在本地区的目标是成为世界一流的公司，在中国也应该是最有发展前途的一流公司。"

伍立德董事长一行此次访华翻开了杜邦公司历史的新一页，也是杜邦公司在中国发展的一个新里程。

结合上述案例，我介绍和分析一下背后的公关经验：

1. 准备

杜邦公司是具有影响力的跨国国际公司，伍立德董事长一行访华在当时也是一次非常重要的活动，其结果不仅仅是对杜邦公司，可能也会对其他海外投资者、企业家产生潜移默化的重要影响。

处在一个特殊的历史时期和当时世界对中国关注的热点话题，必须事先对伍立德董事长访问计划做出精心安排，要有预见性地避免不利情况发生的干扰。

在我接受杜邦公司的顾问邀请后首先要做的就是准备工作。其中包括对杜邦公司历史和现在对华合作计划的了解，对伍立德董事长本人及夫人、女儿基本情况的熟悉。还有就是访问计划、接待各方、行程安排以及随行人员的情况，再有就是熟知杜邦公司希望达到的访问效果。

对于如何应对临时遇到或突然发生的情况，也要做好应急准备。事后看来这一切考虑都是完全必要的。

2. 策划

为了实现杜邦公司的希望，我请杜邦公司挑选并提供两部影片资料。内容要求一是体现杜邦公司对社会最具代表性的贡献题材；二是杜邦公司的管理特色题材。杜邦公司公关人员非常配合我的请求，很快提供了《尼龙人类的重大发明》和《人类只有一个地球》英语版影片。看过样片后我觉得中文翻译和配音对影片效果至关重要。因此，我请当时中央电视台国际部辛少英导演帮助对影片进行译制，并邀请著名电视播音员、主持人、配音员赵忠祥老师做解说词的配音。他那独特的带有感染力，深沉而抒情的语气和特有的语调是绝佳的选择。

这两部影片我计划在两个不同的场合分别播映。《尼龙人类的重大发明》希望通过中央电视台的专题节目对社会公开播映，让中国公众了解杜邦的发明与我们每一个人生活的密切关系，拉近中国观众对杜邦公司的认知。《人类只有一个地球》准备配合伍立德董事长在研讨会发言后播映，以视觉影响力让与会来宾能够进一步理解伍立德董事长刚刚讲话的内涵，起到遥相呼应，加深与会来宾印象的效果。

还有就是伍立德董事长一行抵达北京后全程的摄影和采访跟踪。为此我确定公关工作的重点应该是在中央电视台。要成立一个工作团队，把伍立德董事长访华全程做出每一天、每一小时的工作流程和计划，并且还要做出每一小时的详细活动安排。事实证明虽然我们的工作非常繁杂和紧张，头绪很多，而在非常细致的工作流程计划下仍然能够很好地做到有序不乱，按部就班，有条不紊。

3. 协调

协调工作是一个非常复杂的系统工程，我们遇到了许许多多的困难和具体问题，但是经过工作团队每一个成员的智慧和努力都迎刃而解了。例如伍立德董事长一行抵达北京从首都机场到钓鱼台国宾馆沿途一路的拍摄，特别是通过天安门广场的一段路程需要一辆与贵宾车队相匹配的敞篷轿车。我们得到了八一电影制片厂的支持，将一辆红旗牌检阅车借给我们使用。

作者（左一）与中央电视台采访组合影

崔和平　供稿

中央领导人会见伍立德董事长的现场采访报道要争取上当晚新闻联播头条，以及新闻联播后的专题节目时间最好能够播放《尼龙人类的重大发明》，这需要协调中央台总编室、新闻部（时政新闻组、联播组）、国际部、专题部等诸多工作部门。经过努力，终于在领导人会见当晚的新闻联播头条报道了两位中国领导人分别会见的消息，并且在新闻联播后的《世界各地》专题节目中播出了介绍杜邦公司伟大发明的专题片,实现了既定的计划,不仅令来访客人们感到异常惊讶,也让接待方中国国际信托公司的领导人感到不可思议!这样缜密的计划和安排,并且能够得以实施难度之大,头绪之多,协调之复杂是局外人难以想象的。

4. 驾驭

最具挑战的还不是如何克服每一个工作环节遇到的困难,而是面对突发情况的冷静、理性处置和准确的分析、判断能力。

伍立德董事长经过十几个小时长途越洋飞行的劳顿,当他抵达钓鱼台国宾馆时已显得略有疲惫。他进入下榻的套房卧室洗漱休息片刻后,这时看到写字台上放着一份新修改过的访问行程计划。看过后他拿着这份计划走出卧室找到随行工作人员询问,并通过工作人员向我转达了他的不同想法。

天哪!我看到访问计划中修改的部分是增加了一个非常重要的会见活动,这是东道主中国国际信托投资公司的盛情安排怎好拒绝呀?宾主各方从不同角度思考问题而产生了不一致的认识,接待方完全是出于积极的善意,热情主动地做出这个安排,而客人又另有所思不愿接受这样的安排,这该如何解决?

当我充分了解了各方的本意后迅速把情况汇报给中国国际信托投资公司经叔平董事长,向他解释道:"伍立德董事长非常感谢您的周到安排和盛情接待!不过他更希望抓紧在京的短暂时间能够有机会了解更多有关中国对外开放政策和对知识产权保护等方面的情况。"

后来经过多次沟通协商双方达成了一致。

时任中央领导人和国务院主管经济工作领导人在中南海和人民大会堂分别接见了伍立德董事长一行。两位国家领导人对伍立德董事长一行的会见体现了中国政府对外资企业来华投资合作的高度重视。

杜邦公司董事长访华活动的全过程处处展现了公共关系工作的作用和效果,充满了戏剧性情节,在公关技巧方面堪称是一个综合性的成功经典案例。尤其是在访问过程中遇到一些困难时,努力排除障碍,巧妙协调各方,促成能够让双方都感到满意的效果。

下面介绍几种公关工作中有效的方法:

1. 迂回思考法

在日常生活中遇到一些问题，用习惯的、常规的、普遍的思维去认识往往会感到不可能、做不到、没有解。但是如果尝试超越固定思维模式，随意地、新奇地、全方位地看问题，也许会顿开茅塞找到解决问题的思路和方法。一些看起来很可笑的点子，也许恰恰就是极佳的解决方案。甚至一个小小的幽默也可以使大脑脱离逻辑、线性和预定轨道，进入新的思维模式。幽默就是一种创造的过程，大脑有两种思维形式，一种是一般创造力，另一种是幽默创造力，也叫迂回思考法。

中西文化比较，中华文化博大精深，但是有时会循规守矩，缺少幽默元素。如何培养自己的幽默感，锻炼新的思维模式呢？首先就是要跨文化学习，从一种恪守传统文化的学习转为能够对一切本不熟悉的异质文化感到好奇，感悟这种新颖文化的差异和精华所在。例如有机会多与西方人接触交流，多阅读西方文学作品，多观看西方影视剧作，多做东西方文化比较，都能够潜移默化提升自己的幽默感。我们都熟知的"苹果落地"导出"牛顿引力定律"，蝴蝶飞舞引出"蝴蝶效应理论"，"给我一个支点，我能撬动地球"阿基米德的一句名言确立了"杠杆定理"等无不都是在对自然界观察中超越传统思维而得到联想的灵感，并且最终成为人类认识世界的普遍真理。

曾几何时新加坡企业面对外部环境的影响，举步维艰，对政府产生许多怨言。而李显龙总理在 2018 年国庆演讲中并没有就当前新加坡的经济环境和未来发展趋势罗列一套数据或客观因素说教企业家们，而是生动地做了一个幽默感极强的比喻。在那次演讲中他对公众说："新加坡一些老板常常诉说他们的烦恼，而政府也常常解释自己的苦衷。新加坡的老板们喜欢唱三首歌，第一首是《往事只能回味》，第二首《我是一只小小鸟》，歌词很有意思，我是一只小小、小小鸟，想要飞呀飞，总也飞不高。寻寻觅觅，一个温暖的怀抱，这样的要求算不算太高？第三首歌最难唱，这都是《月亮惹的祸》，千错万错都不是我的错，都是月亮惹的祸！也有人说那是闪电惹的祸！"在全场听众的哄堂大笑中，李显龙总理话锋一转说道："面对老板们唱的歌政府也必须会唱歌！我们也有三首歌，第一首是《你知道我在等你吗》。第二首《我在你左右》。我们的第三首歌最重要了，

《明天你是否还爱我》!"

李显龙总理在 2018 年新加坡建国 53 周年国庆上演讲

选自《联合早报》图片

　　李显龙总理用老板和政府各自唱歌的形象表述，生动地分析了新加坡的政商关系，并且表达了政府的立场和双方紧密合作克服困难的信心，期待明天会更好。全场听众的笑声、掌声一切尽在不言中。这样精彩、宽松、活泼、共鸣的演讲效果就是幽默语言的魅力所在。

　　有人会说我没有这样的语言天赋和能力，要想达到这样的演讲水平实在是太难了。这是一种没有自信心的心理表现，常常会畏惧自我挑战。

　　我们常说人能够认识万事万物，能够看破红尘，有些人还善于看透别人，唯独不能深刻认识自己，是不是大家都有过这样的感觉呢？人的潜能几乎是无限的，人最难认识的往往却是自己。而认识自己的潜能并能得到有效地发挥却不是一件容易的事情，这仅仅是主观意志，而无法随心所欲。究其原因就是由于在六个方面缺少有意识地培养，成为自己的一种习惯和自然的意识。这就是感知力、记忆力、顿悟力、判断力、联想力、创造力。

　　不仅在语言天赋和幽默感培养方面，而且在自我能力和事业发展方面同样适用于这"六个力"的原理。我们注意研究一些最有造诣的成功人士，除了先天性基因或环境、条件造就了他的辉煌，而更多并且起到决定性影响的无一不是自己潜能中这"六个力"得到了最好的发挥。而这"六个力"是后天的，是来自长期学习和社会实践的结果。当一个人陷入碌碌无为、一事无成的懊恼时可以尝试着转变思维方式，就是检讨自己驾驭机会的勇气和能力是否充足？当遇到一个机会来临时，很多人总是瞻前顾后，舍不得失去既得的，又怕未来的不可预期，没有决心和勇气驾驭千载难逢的机会，使之失之交臂，错失良机。

这里我再讲述一个真实的故事。在我国改革开放初期，北京公关圈子里有个经典的案例就是出自一位职业公关人，她给我留下深刻的印象和长久的影响。

坐落在北京市朝阳区亮马河畔的北京长城饭店曾几何时是北京城里第一家美国投资和管理的酒店，第一家由美国设计师在中国设计的五星级酒店，中国第一座玻璃幕墙的高层神秘建筑，第一次看到有印度门童在酒店门前迎来送往……这家酒店造就了数不清的中国第一啊！

那个时代北京建国门外大街也有一座中国人投资经营的大型购物中心——北京友谊商店。这里有条规矩就是只有外宾能进入，门口戒备森严，由中国员工把守着，检查客人们的护照，而且在这里消费要支付的是人民币外汇券。这是那个年代只有使用外币才能够在银行兑换到的一种特别流通货币。

北京长城饭店的落成与北京友谊商店遥相呼应，形成鲜明的对比，自然又给市民们增添了几分神秘色彩和茶余饭后热议的话题。

北京长城饭店是由国际著名的喜来登酒店管理集团公司经营管理的。1983 年刚刚落成开业的时候生意萧条，门可罗雀，亏损严重。时任的酒店公共关系部总监露西小姐与我喝咖啡闲聊时大诉苦衷！她疑惑不解地问我为什么酒店很少有本地市民进来消费？几乎没有中国人来住宿？

我对她讲了北京友谊商店的情况，而且说市民们不仅仅是没有消费能力，最重要的是这里很神秘，尤其看到门口头上包着头巾、身材高大魁梧的印度门童更是望而却步不敢进来了！露西微笑地向我讲了一个酒店门童的故事。那是印度锡克族人，拉贾斯坦头巾是他们的特有服饰，是一种接待最尊贵客人的礼仪象征。那块头巾布居然有 20 多米长，在头顶围绕成不同的样式，也是锡克教族人对客人最尊重的礼仪，被世界高级酒店业所普遍采纳。哇！长城饭店不仅仅是一家餐饮住宿的地方，而且还充满了丰富的异国文化！

露西说："我非常想请北京市民进来看看，即便不消费也可增添一些酒店的人气，打消他们神秘的印象。崔先生欢迎您多带一些中国朋友来好吗？"

作为那个时期北京城里为数不多的公关业同行，我突发奇想提出一个大胆的建议。能不能在你们酒店为北京市的青年人举办一次集体婚礼。隆重喜庆的婚礼上每一对新婚夫妇都会有很多亲朋好友莅临，也会有政府政要前来祝贺，更多媒体记者会在报道北京市政府为各界青年劳模主办集体婚礼的同时也体验到酒店的与众不同。要想让公众了解酒店，首先要让记者有所感受。我们一拍即合，在时任北京市妇联主任李刚中和副主任陆敞的支持下，北京长城饭店成功举办了两场由北京市妇联主办的北京市大龄青年劳模集体婚礼活动，一时间引起轰动效应。长城饭店似乎为古老的京城又增添了绚丽的一景，市民们抱着好奇的心态熙熙攘攘走进了这座神秘的"宫殿"，酒店顿时人气大增。

尽管如此，叫好不叫座，绝大多数市民进店后只观赏而不消费，客房入住率依然非常低迷。正在这时一则重要消息传来，美国总统里根即将访华。露西小姐似乎灵感顿发，她找到酒店总经理提出了一个大胆的设想，美国总统访华期间能不能下榻到我们的酒店？总经理诧异地说"露西小姐，你在想什么？这是中国政府的重要国宾，通常会由东道国政府作出周到的安排，最有可能是下榻在北京钓鱼台国宾馆，怎么会住在我们这里的商业酒店呢？"露西小姐坚持自己的想法，要求总经理批准她去美国尝试游说。总经理面对惨淡的酒店经营情况，也无计可施，就勉强批准了露西申请的公关计划。

露西小姐在美国通过各种途径想方设法接触到白宫办公室主任和总统访华先遣组负责人，向他们极力游说。"里根总统访华期间如果能够选择下榻在美国投资的五星级酒店会蕴含着更深层的意义，让正在扩大对外开放的中国人有机会了解美国的酒店管理文化，让世界知道美国在北京投资建立了一所国际标准的五星级酒店……"

露西的游说终于取得成果，经总统访华先遣组的实地考察，并与中国政府礼宾部门协商达成共识，将这次总统访问期间的美方新闻发布中心就设立在北京长城饭店。消息一经发布，各国记者纷纷抢先预订北京长城饭店的客房，一时间竟然完全爆满！不久两辆从美国运来的装有卫星天线的转播车停靠在长城饭店西墙外，非常引人瞩目。1984 年 4 月，美国总统来华访问，美方每天的新闻就是在长城饭店向各国记者发布的。而每一位记者在发稿时无不都在每一条新闻的电头上标注信息发自北京长城饭店。尤其是 4 月 28 日晚，里根总统就是在这里的二楼大宴会厅隆重举行了告别答谢宴会，中外各界高朋满座！瞬间北京长城饭店这个名字在世界名声大噪，客房出租率竟然超过 95%，总经理这时新的苦恼却是过度的客房出租率，他担心这会是一种破坏性经营，严重影响到设施维护，而且服务品质也会因此下降。

此时别有一番成就感的就是酒店公共关系部总监露西小姐，长城饭店从此业务蒸蒸日上，迎来了开业以来最鼎盛的时期。但是让人感到意外的是，不久后她突然向我告别，我感到十分惊讶！"我已经递交辞职信，想去马来西亚吉隆坡一家新的酒店工作。""为什么？你在这里的工作成绩斐然，正是事业的黄金期。"我充满好奇地问道。露西小姐的回答令我感到十分不解，"你说的不错，在这里我的确做出了成绩，如果没有重大失误公关部总监这个位置应该会非常稳定的。不过在这里我感到局面已经打开，业务逐步成熟，今后也就是按部就班的工作就可以了，不会再有更大的拓展空间。"

这就是一位美国青年人的职业思维，她不去眷恋既有的利益和职位，而是勇敢地放弃既得！不去沉浸在过去的成功与荣誉，而是勇敢地挑战未来与机会！可以想象当同样的时光过去后她会比满足现状、操守旧业的同龄人更加成熟、更加成功！

美国著名人际关系学家戴尔·卡内基（Dale Carnegie）曾经说："如果我能明白你的思想，就能了解你的人品，因为你的思想造就了你。反之，如果我们能够改变自己的思想，也就能够改变自己的人生。"

通过上述案例分析让我们得出一个结论，就是机会如同时间一样对每一个人都是平等的、公平的，但是发现机会的嗅觉和驾驭机会的勇气与能力却是因人而异，有着极大差别的！

2. 善于赞美别人

我们欣赏别人，别人也会欣赏我们，生活因为有了欣赏而变得美丽。

即便是一句赞赏，一个眼神，一丝微笑，别人也会从你的赞赏中得到自我肯定，得到鼓励、欢乐、信心和力量。沟通就是生命！

我的几点经验：良好心态；善于赞美；换位思维；创造吸引力。

沟通是构建和谐关系的根本，沟通是塑造组织形象的途径。而影响沟通效果的因素有以下几点：

（1）对方对信息的过滤。由于对方有选择的接受信息，难免会造成沟通双方的信息不对称，由此产生沟通过程中的障碍。

（2）自己对选择性的认知。自己对沟通中存在的问题做出选择性的立场预设。

（3）情绪对沟通的影响。喜怒哀乐情绪表现会对沟通效果产生的重要影响。

（4）语言对沟通的作用。语言是沟通过程中彼此表达的最重要影响因素，语种、方言、语态、语境的选择和把握都会直接影响到沟通的效果。

（5）非语言沟通的效果。表情、举止、精力、装束、目光、场景等感觉构成了沟通气氛和环境的影响要素。

（6）沟通过程中要遵循的行为准则。平等、尊重、倾听、谦恭、礼貌、和蔼是建立良好沟通关系的最基本行为准则。

此外，言行一致会给人留下诚实可信的印象，这是建立人际关系非常重要的基础。是保持、维系、发展关系的纽带。一些表情虚伪、华而不实、言不由衷的表现都会使人感到彼此无缘。

双向沟通是彼此交流的契机，最忌讳的是一方夸夸其谈，不给另一方表达的机会，喧宾夺主，一言堂。这会让另一方感到失落和被漠视，有不被尊重的感觉。

善于倾听是人的素质的体现，倾听是为了获取信息，为自己的"说"做好准备。使自己的"说"更具针对性，做到有的放矢。同时善于倾听也是对另一方的尊敬，表现出自己的修养和礼貌。

重视直接沟通十分重要。面对面的直接沟通可以有效地避免彼此信息被中间环节所过滤、曲解、遗漏或被掺入第三方态度和倾向，特别是容易使信息发生畸变。除非出于必需的策略考虑或条件所限，直接沟通应该是追求最佳效果的首选。

3. 善于倾听

倾听是沟通的最重要开端。在人际交往中，善于倾听别人说话，及时地把握信息，理解他人，是人际交流的重要方式。

古希腊先哲苏格拉底说："上帝赐予人两耳双目，却只有一口，欲使其多闻多见而少言。"在人际交往中，那些游刃有余、如鱼得水的人不仅仅是因为他们伶牙俐齿、能说会道，更重要的是他们是善于倾听别人说话的人。

倾听是一门艺术。倾听使人知道更多的信息，从而决定应该回答什么，作出什么反应。因此，善于倾听似乎比善于说话更为重要。

倾听绝非呆板地、面无表情地傻听，而是在听的过程中要有所反应，从而加强沟通效果。倾听过程中的回应如图 1-2 所示。

目光——注视对方，以示我在认真听您讲话。

点头——表示我理解您的所说意思。

幽默——能够活跃沟通气氛，使对方讲话更加轻松。

附和——让您感觉到我不仅了解了您的意思，而且十分认同。

感叹——您会感到与我情投意合，更加投入地陈述。

复述——复述对方话题，是增加对重要内容的任同感。

疑问——表示对话题进一步深入了解的愿望和主动性。

掌声——是对您的感谢，也是表现自身的修养。

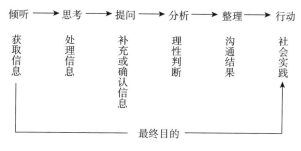

图 1-2　倾听的逻辑思考过程图

倾听是机智与敏锐提问的基础，智慧来自倾听。通过倾听获取的信息成为提问的依据。提问应该秉承的设问原则是：

清楚问题内容；

针对什么事情；

根据什么理由；

抓住核心问题；

明确提出要求；

语言精练简短；

陈述直截了当；

结果一目了然。

本章小结：

我们中国人往往不缺乏智慧，更不缺少能力，有时往往缺少的是认识。但凡被中国人认识了的事情就没有做不到的，而且会做得更好。反之，如果没有被中国人认识的事情即便再简单也不会去做。

所以一切事物的成功与否其最根本的决定因素就是认识。而正确的认识往往来自两个方面，一方面是学习，通过努力的学习，丰富自己的知识，提高对事物的认识能力；另一个方面就是实践，大胆地在社会实践中去探索新的经验，使认识逐步地成熟起来。学习加实践就等于成功！

第二章

公 关 语 言

一、认识语言

"语言是人类最重要的交际工具",这是弗拉吉米尔·伊里奇·列宁的一句名言。

语言是随着社会的产生而产生,并随着社会的发展而发展的。语言从它产生的时候起就始终是一视同仁地为整个社会服务的。

语言有口语、形体语和书面语等表现形式。记录语言的书写符号是文字。

据法国欧洲工商管理学院的学者研究分析,人类拥有 6 000 多种语言,其中最强势的 10 个语种依次是英语、汉语、法语、西班牙语、阿拉伯语、俄语、德语、日语、葡萄牙语和印地语,汉语位居第二。而汉语是世界上使用人数最多的语言,地球上有 1/5 的人口母语是汉语。

汉语也是世界上历史最悠久和最发达的语言之一。现代汉语越来越受到外来语的影响,并且在不断吸收着更多的新词,同时也有越来越多非母语人士在学习和使用汉语。

语言是为了沟通,沟而不通就是语言出了问题。一些人喜欢使用新词和术语以显示学识和声望,这种语言无疑是一种有用的理解工具,但是又成为一些场合下语言交流的障碍。因为新词往往是公众还不十分熟悉的语言,而过于深奥的专业术语,又使得很多非专业的人士感到茫然,听不懂。不熟悉和听不懂就是沟通的障碍,其效果就是沟而不通的失败。

人们往往持有两种不同的语言观念:一种观点认为越是听不懂的语言越有学问。而另一种截然相反的观点认为把复杂的语言通俗化才更具价值。前者是故弄玄虚，并达不到语言沟通的目的和效果。后者是把深奥的思想和十分专业的知识以科普式的通俗语言讲给大众听，并且得到听众的普遍理解和广泛认同，进而达到沟通的目的。

1. 公共场合的语言障碍

中国有七大汉语方言区，分为北方方言、吴方言、湘方言、客家方言、闽方言、粤方言、赣方言。还有汉族以外的 53 个少数民族都有各自的民族语言和文字。

普通话是国家通用现代标准语言。普通话是以北京语音为标准音，以北方方言为基础的标准汉语，也是联合国官方语言之一。在一些国家和地区亦称为"国语"或"华语普通话"。

中国推广普通话就是由于人口众多，地域辽阔，民族文化各异，语种混杂，如果没有一个统一的语言和规范的文字则会对社会产生极大的问题。例如近几十年大量来自全国各地的人成为北京市的新市民，其中有不少年纪较长的人由于普通话能力较弱，在与人沟通的过程中遇到很多麻烦。虽然他们工作非常能干，充满智慧与活力，但是在工作机会、事业发展、社会活动、生活品质等方面很难融入大都市的主流，阻碍了发展的空间。就尤同定居海外的中国人不能使用当地国家语言一样，感到处处举步维艰。一些学者受方言的影响，知识的传播与交流遇到障碍，无法得到更多人的理解和认同。一些官员操着浓厚的方言，很难展现自我的魅力，职业生涯受到严重影响。一些人也因令多数人难以听懂的方言而丧失机会。

尤其是公共关系工作者，讲好普通话是最基本的职业素质要求。因为任何组织的生存与发展依赖的是社会，组织必须适应社会环境，要与形形色色的人打交道，与其一个人很难掌握所有方言，不如练就好普通话的本领，在人际交往中会感到如鱼得水，游刃有余。在职场上我们也注意到一些工作能力极强却不能掌握普通话的人往往会在事业发展的旅途中举步维艰。我的一位朋友是北京一家媒体的总编辑，年逾五旬，操着浓厚的湖南话，语速还很快。在北京这样的大都市，聚集着五湖四海的弄潮儿。虽然这位朋友身居要职，可是与人沟通障碍非常大，尽管他工作能力超凡，思想活跃，但总是感到不能游刃有余，苦不堪言。由此可见与人沟通过程中的普通话能力是何等重要呀！

2. 普通话的声调

其实学习普通话并不难，许多西语为母语的外国人经过一段时间的学习和训练同样能够以字正腔圆、流利标准的普通话融入中国社会，甚至令很多中国人感到惊讶的是一些西方人的普通话水平比我们自己还要好。究其原因是因为他们在学习汉语时完全摈弃了西语仅有升调和降调的语音，而掌握了汉语的四声发音。而我们来自一些方言区的人则受到从小习惯的方言影响，讲普通话时掺杂着浓厚的乡音。

学习普通话首先是掌握发音要领，把握好语音、语速、语气和抑扬顿挫的语调发声技巧，持之以恒，逐步就能练就一口纯正的标准普通话。

汉语普通话全部的字音有四种基本语音：

阴平（第一声）、阳平（第二声）、上声（第三声）、去声（第四声），一平、二升、三曲、四降。

汉语拼音是学习普通话、掌握标准语音的关键。请您将下列语句一字一字放声慢读，注意体会声调高低升降的变化，以提高您辨别四声的能力：

（yi）　衣、移、以、易　（chun）春、纯、蠢　（tian）天、田、舔
（hua）花、华、画　　　（kai）开、凯　　　（ren）人、忍、刃
（ma）　妈、麻、马、骂　（min）民、闽

语气的运用特点是喜则气满声高，悲则气沉声缓，爱则气缓声柔，憎则气足生硬，急则气短气促，冷则气少声淡，惧则气提声抖，怒则气粗声重，疑则气细声黏，静则气舒声平。特别注意在与人沟通过程中最令人讨厌的是居高临下傲慢的谈吐，不分年龄地位的命令口吻，责怪他人的态度，不耐烦的口气，刺耳生硬的喧哗。

语速是讲话的速度。平常人际交往以平均每分钟200～250字较适宜，一般广播电台和电视台的新闻播报大约在每分钟300字左右，亦称播音语速。但是这并非一成不变，要特别注意根据所表达的内容、场合、对象掌握语速。我经常收看央视国际频道，总感觉个别播音员的语速有些快。因为这套节目收视对象是全球海外华语观众，播音员需照顾很多早期离开祖国年事已高的华侨、华裔观众，或者是华语非母语的观众。他们原本普通

话的能力较弱，播音员语速过快会让他们感觉听起来很吃力，而且对内容不易理解，听不懂，所以语速的掌握要特别注意听众对象是谁。

还有就是公众场合所面对众多听众时的演讲、报告、述职等，也要注意根据内容需要实时调整语速，在正常语速下该快一些时就加快一些，该慢一些时就减慢一些，托衬内容反而表达效果会更好。

二、公共场合的语言表达方式

1. 常见的公关活动场合

公关活动的公共场合千差万别，人际交往的对象形形色色，因此不同场合下面对不同的对象讲话方式也要有所区别。因此要注意培养自己适合不同场合面对不同对象的多样化讲话风格和沟通技巧。

面对少数人的沟通可以分为内部的、外部的、熟悉的、陌生的，还有顾客、伙伴、朋友、供应商、上级、平级、下级、记者等。

面对众多人的沟通可以分为内部的、外部的、熟悉的、陌生的、组织、客户、媒体、公众、谈判、磋商、培训、推广会、报告会、研讨会、展览会、广场活动等。

有人形象地比喻现代三大制胜武器分别是：核技术（威慑力）、电脑（信息化）、口才（影响力），由此可见语言表达能力的重要性。历史上很多赫赫有名的政治家无不都是口才超凡的演讲家，他们通过惟妙惟肖、生动感人的演讲，向公众表达着自己对社会、事物的看法、分析、判断和见解，让他的思想被多数听众所认同和响应。所以我认为一位出色的领导者应该是思想家，而非事必躬亲的实干家。"想"是领导者的本职，而"干"则要动员起更多人的参与。那怎样形成号召力呢？就是通过语言，把领导者的所思所想通过语言绘声绘色生动地传达给公众，形成被公众多数人所能够认同的号召力、凝聚力，最终形成实现领导者所想的行动力量。

当然，在这里也要提醒大家的就是听绝妙的演讲犹如欣赏幽雅的交响音乐，但是必须提防荒谬往往也会被演讲家作为真理传播；庸俗也能被演讲家推崇为高尚。因此要特别警惕和善于识别演讲家们的误导和煽动意图。五种发言的比较见表2-1。

表 2-1　五种发言的比较

沟通方式	优　点			缺　点		
即席发言（即兴发言）	互动性强	激励效果	娴于辞令	毫无准备	无从讲起	语无伦次
备稿发言（选读发言）	充分准备	准确无误	掌控时间	形态呆板	不易互动	照本宣科
记忆发言（腹稿发言）	声情并茂	形态语言	互动效果	容易紧张	遗漏内容	时间失控
要点发言（提要发言）	简明扼要	画龙点睛	不拘小节	表述欠周	容易忽略	时间短促
视听发言（立体发言）	借助工具	图文并茂	视听效果	特定场合	依赖设备	环境要求

2. 公关人的两个法宝

读书使人增长知识，读书使人陶冶情操。也有人号召领导干部要多读书，特别是要多读一些好书。听起来没错，实际做到并非易事。尤其是各级领导者，无论是企业还是政府的领导干部往往是日理万机，工作繁忙，疲于奔命。我在教学中对学员们多次做过这样的调查，每年阅读过 1 本与职务无关书籍的人大约不到一半学员，每年读过 10 本书的学员不到 1/4，每年有读书计划的学员更是寥寥无几，而过半数的学员几乎从未阅读过与职务无关的书籍。究其原因是这些在职的领导干部平日太忙了，"五加二，白加黑"的工作压力令他们无法有时间、有闲情静心读书。他们说："不是我们不喜欢读书，而是身不由己。读书对我们来讲简直就是奢望！"

一些司法工作者更是没有时间和精力读书，一位法官曾经对我说："我们一位主审法官一年平均要受理近 300 多件司法诉讼案件，每一份案卷都如同一部天书。加上审理责任和审结时效的制度要求，一年下来我们哪里还有时间读闲书呀，阅卷都已经让我们深感力不从心了！"

的确学员们所说的这些对很多领导干部都是现实，然而作为企业或政府的领导干部不同于一般员工或普通公务员，身上的使命、责任重大，职务风险极高。我们可能没有充足的时间阅读小说、诗歌、历史、武侠、传记等个人感兴趣的书籍，但是有两本书再忙也必须要读，有机会要听这两门课。

这两门重要的知识一是哲学，二是形式逻辑学。

哲学是思维与存在，精神与物质关系的问题研究，亦称智慧学。是自然与社会知识的概括和总结。哲学是对世间万事万物本质的认识，北京大学冯友兰教授曾精辟地阐述"哲学就是对于人生的有系统的反思思想。"哲学中充斥着辩证法的思维论证，事物的对立统一规律，唯物主义与唯心主义，普遍联系和变化发展，通过批评而求知等科学方法。

1987 年春作者在冯友兰（右）教授寓所求教

崔和平　供稿

形式逻辑学是关于思维的形式与规律的科学。形式逻辑包括对事物的概念、判断、推理等主要思维形式，能够培养一个人对事物的理解、分析、评价和构造论证的能力。一个事物与另一个事物之间的关系，事物的内涵与外延，属概念与种概念之间的包含与包含于的关系，形式与内容相统一的规律认识等。可以大大提高领导干部细致的分析、归纳、判断和决策的思维能力。

人生需要从书本中汲取知识和营养，这两本至关重要的书必须要读，我向领导干部和从事公共关系职业的人员推荐阅读学习两本书，一本是《中国哲学简史》，另一本是《形式逻辑学》。

3. 概念的内涵、外延、属性

内涵和外延是概念所具有的逻辑特性（图 2-1）。

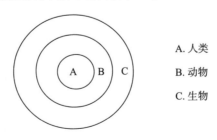

A. 人类

B. 动物

C. 生物

图 2-1　概念逻辑关系图

内涵是概念对事物的本质的反映；外延是概念对事物的范围的反映。属概念与种概念的内涵有多少之分；属概念与种概念的外延有大小之别；属概念的内涵少于种概念的内涵。

4. 概念、词语、词义

概念是词语的内容；词语是概念的语言表达形式。词语是声音和词义的结合体，概念是词语的基本含义。

概念是人们认识的成果，而词语却具有鲜明的民族特点。例如中文"人民"对应的英文"people"；中文"书桌"对应的英文"desk"。

同一概念会有不同词语表达形式。例如"红薯"也称为"白薯"、"地瓜"。"改锥"亦称"起子"、"螺丝刀"。

内涵和外延是概念所具有的逻辑特性，内涵是概念对事物本质的反映，例如"人"的内涵包括有理性、有语言、能制造、会使用工具、有思想等，内涵最丰富。

外延是对事物范围的反映，例如"人"的外延一个人、一班人、全校人、男人、女人、各种人，外延虽然多样，但是非常有限。

同一语词也有不同的概念，例如"先生"一词多指男士，但也会用于对尊敬的师长、老师的称谓而不分男女。"同志"通常泛指一起工作的同事，但在特定条件下也会成为同性恋者的人称代词。

内涵越多的概念其外延就越小；内涵越少的概念其外延越大。

5. 内涵与外延的关系

虚构概念由于不是现实中实际事物范围和本质的反映，因此既无外延也无内涵。是想象、错觉、幻觉或幻想的产物，具有一定的不确定性。例如神仙、天堂、地狱；阿Q、海市蜃楼等。内涵与外延关系如图2-2所示。

生物的内涵最小而外延最大　　人的内涵最多而外延最小

图 2-2　内涵与外延关系图

准确地表达概念关乎文件书写、媒体报道、领导讲话和各种公共传播场合对受众的影响。概念周延是对事物思考、论证、表达严谨的基本要求。

例如，随着国家对公共安全和危机管理工作的重视和加强，"应急救援"一词成为当下热词。"应急救援"一词的提法逻辑不周延，应予以纠正，改为"紧急救援"。

首先分析几个关键词：[①]

紧急：形容词，词义是需要立即行动、不容拖延。

应急：动词，词义是满足紧急需要、应付紧急情况。

救援：动词，词义是拯救援助。

"应急救援"是一个动词＋动词的动宾词组。但是"满足紧急需求"和"应付紧急情况"不一定都需要救援。"应急"修饰"救援"使得词组外延显得较大，因此"应急救援"用于对救援行动的表述逻辑概念不周延。

相比之下"紧急救援"形容词＋动词的主谓词组概念外延较小，仅仅特指时间的紧迫性，突出且符合救援尤其是对生命拯救行动的特征描述，严谨、准确。生命拯救活动具有时间紧迫、目的明确且单纯的行为特征，"紧急救援"更加符合概念准确、逻辑周延的语法规范。

据此分析，用"紧急救援"替代"应急救援"的表达似乎更加规范。这就是语词逻辑的严谨性对我们日常工作的影响。

三、高级汉语语言

1. 善于修辞

用语言交流思想，不仅要表达得清楚明白，还应生动形象，使人听后印象深刻。针对不同的表达内容和语境，选择最恰当、最完美的语言形式以收到最佳交际效果是修辞问题。

例句："毕业后我们需要找一份工作，而非是找一个职业，更不是事业。"

"铁饭碗的真正含义不是在一个地方吃一辈子饭，而是一辈子到哪

---

① "紧急"、"应急"、"救援"词义引自《现代汉语词典（第7版）》。

儿都能有饭吃。"

修辞是加强语言效果的方法和手段，是人们在语言实践中对加强语言表达效果方法和手段的运用。修辞的效果表现在语言内容表达的准确性、易理解和感染力。同时修辞也能够充分体现讲话人的文化修养和人格魅力，是汉语的高级语言形式。

"这个人讲话我爱听，一听就是有学问的人。"这是人们常常赞美那些会讲话的人所发出的赞誉之言。且不说内容如何，仅仅是讲话的形式已经令听者折服，彼此之间已然建立了非常良好的印象与沟通环境。

2. 高级汉语语言

善用成语。成语是具有整体实际含义的特殊固定词组，是语言内容实际含义隐含体现的表达手段。

例句："守株待兔"、"望梅止渴"、"世外桃源"。

善用谚语。谚语是口头流传的通俗而含义深刻的固定语句。

例句："绿水青山，就是金山银山。"

"吃不穷，穿不穷，不会算计一世穷。"

"情人眼里出西施。"

"三个臭皮匠，赛过诸葛亮。"

善用歇后语。歇后语是由近似谜面、谜底两部分组成的带有隐语性质的口头用语。

例句："腊月里的萝卜——冻（动）了心。"

"窗户口吹喇叭——鸣（名）声在外。"

"染坊里拜师傅——好色之徒。"

这是汉语表达的一种特殊形式，恰如其分的比喻，形象的描述，带有几分幽默的讽刺，令人赏心悦目。这种语言往往也受到各地风土人情和俗语、典故的影响，源自人们长期生活实践的认识而形成的语言。其作用也是十分有效地加强了语言意思的表达和讲话效果。

3. 语言结构分析

汉语普通话的语言结构要求十分严谨，标准普通话更是如此。怎样训练呢？最好的方法就是选择一篇好的文章进行朗读，朗读发音就是要求语调、语音的规范化。把自己的朗读录音后反复听，有意识地矫正读音和语调，进步会很快。

语音重点包括对声调、音节的要求。声调的基础是"四声"，改变发音的高、低、升、降的变化。声调之间的连接变化是滑动而非跳跃的，有些像音乐的音符间滑跃。有时相同的语句采用不同的音调其词义也会改变。例如："他走了"这个"了"字发音使用第四声就是肯定式，"他走了。"而用第一声发音就变成了疑问句，"他走了？"这样的汉语普通话中类似的例句非常多，由此可见音调在普通话表达中多么重要。

语言音节也称语言调式，因人而异，是个人语言风格的标志。保持特有的个性化音节往往会给人们留下深刻的记忆，把握音节特质是模仿某人讲话的要素。

词语指语言中使用基本词汇、一般词汇、古语词、外来词、方言词、行业词、成语、惯用词、谚语、格言、歇后语等词汇的规范。

讲话中词语应用的作用十分重要，它有助于修饰语言和表达情感、意图、想象、情绪、幽默、比喻、形容等意思。但是错误的发音或错用词语也会招致贻笑大方，常常会令讲话者处于十分尴尬的境地。因此准确、恰当使用词语在语言表达中特别要引起注意。

一些领导干部在下属面前或公众场合的发言由于读音错误或者引经据典用词不当而引起的嘲讽、非议、批评屡见不鲜，不仅讲话效果大打折扣，而且也会有损自己的形象。特别要提示的是故弄玄虚、卖弄文采的刻意行为是领导干部的职场大忌，搞不好就会弄巧成拙。

语法是指语言中的句子与句子成分、词组之间符合规范的搭配组合。汉语的语法与西语的语法差异性很大，既有相同之处，也有不同之处。与西语比较最大的特点差异在于汉语语法中没有严格意义的形态变化。名词没有格的变化，也没有性别和单数词或复数词的区别。动词不分人称，也没有时态。特别是在跨文化沟通的环境下使用不同的语言要注意语法的区别。

汉语语法结构特征的简单记忆就是六个字：主（主语）、谓（谓语）、宾（宾语）；定（定语）、状（状语）、补（补语）。

主语是陈述的对象；谓语是陈述并说明主语的；宾语表示动作行为所涉及的人或事物；定语是名词或代词前面的连带成分，用来修饰限制名词或代词，表示人或事物性质、状态、数量、所属等；状语是动词或形容词前面的连带成分，用来修饰、限制动词或形容词，表示动作的状态、方式、时间、处所或程度等；补语是动词或形容词后面的连带成分，一般用来补充说明动作、行为的情况、结果、程度、趋向、时间、处所、数量、形状等。

一般情况下一个完整句型结构应该具有主语＋谓语＋宾语三部分组成。主语前可以添加定语限定主语外延。谓语前可以添加状语起到强调的作用。谓语之后可以添加补语起补充词义的作用。宾语之前可以添加定语起限定词义的作用。

例句："我们领导干部一定要学好公共关系学课程。"这一句话中"干部"是主语＋"学"是谓语＋"课程"是宾语。整句话中"我们"和"领导"是定语，"一定"和"要"是状语，"学好"是补语，"公共关系学"是定语。特别注意主、谓、宾不可倒置，这也是汉语与西语的差别。

为了修饰全句的目的还有一种状语在主语之前的语法结构，就是状语＋主语＋谓语＋宾语，状、主、谓、宾。

例句："每当遇到同学们，热心的老师总是询问大家临考前的准备情况。"
"每当遇到同学们"是状语，"热心的"是定语，"老师"是主语，"总是"是状语，"询问"是谓语，"大家"、"临考前"和"备考"是定语，"情况"是宾语。

对特定的单词修饰可以在主语之前添加定语，例如"我的祖国"主语"祖国"前加入了"我的"定语。也可以在谓语之后添加补语，例如"询问仔细"谓语"询问"后添加了补语"仔细"。

总之，汉语语法是普通话语言的最基本的结构，要做到句句精确无误的确是件不容易的事情，即便是专业的语言学家也会常常发生口误，我们需要持之以恒地养成专业语言习惯的意识，一定会逐步减少语病，提高语言质量。

4. 高级语言形态的特征

"一言之辩重于九鼎之宝，三寸之舌强于百万之师。"这句话常会出现在中国文学作品中形象地评价具有出色口才的人物。那么怎样具体评价一个人的口才呢？主要是从以下几个方面去评价其讲话是否具有这些特点：

| 目的：征服听众 | 手段：互动交融 | 效果：心领神会 |
| 感觉：精神超越 | 表现：情绪激励 | 危险：极具煽动 |

这些内容通常也是一些演讲比赛中评委们所要把握的评价要素和标准。

5. 演讲者素质分析

口才是口语表达的才能。是具有思想性、规范性、创造性、哲理性和艺术性的高层次沟通。

高素质的演讲者会在讲话中表现出专业基础知识的丰厚底蕴，语言所表达的思想及对事物的分析、立场、观点处处能够体现哲学、历史、文学、现代汉语、逻辑学、心理学、新闻学等专业方面的知识。

专业的演讲家都需要系统性的基础训练，内容包括演说、形体、幽默、仪表、礼仪、语法、修辞、语气、语音、语调等。

四、公共场合的发言准备

人人都能说话，但不一定人人都会讲话，更不一定人人都善于讲话。一些领导干部在公共场合上不会讲话，这不是危言耸听。尤其是在一些国际会议上稍加留意我们就会发现各国与会代表的发言水平参差不齐，具有明显的差距。

我注意到个别中国代表的发言虽然有主动在公共场合介绍自己所代表组织的强烈愿望，但是他们在说话时，不但有非常浓厚的、难以辨听的地方方言口音，而且语速非常快。在一些国际交流活动中这不仅让中国人听着费劲，更让做同声传译工作的翻译倍感吃力。

乍一听，发言者讲话滔滔不绝内容很多，但真正让人印象深刻的内容却很少。因为他们的讲话风格往往是千篇一律，套话连篇，没有特色，缺少个性。同时，他们的发言讲宣传的多、讲问题研究的少；展望未来的话多，描述具体的内容少。这种现象在项目推介、招商引资等活动中显得尤为突出。

无论是出席重要会议、交际活动还是招商引资、宣传推介，与会代表如果准备发言必须认真做好一系列的准备，真正做到有备而来。发言的内容要做到言之有物，分析要做到言之有据。准备工作主要分为两大类，一类是讲话前的心理准备，包括话题、时间、场合、公众、环境、服饰、化妆和必要的休息调理。第二类是讲话的内容准备，其中包括资料、计划、重点、顺序、导语、主体、结尾、答疑以及所要采用的发言形式。

重要的公共场合发言可以请公关团队参与策划，讲稿根据所选择的分类做出相应的准备。下面逐一介绍讲话的准备程序。

1. 分类

按内容分类：政治、生活、法律、学术、商务、教育、军事、公关、宗教、外交。

按形式分类：命题演讲、即兴演讲、论辩演讲。

按项目分类：说服性、鼓动性、激励性、传授性、娱乐性。

按场合分类：集合、课堂、法庭、教堂、战地、场馆、媒体。

按情调分类：激昂型、深沉型、严谨型、活泼型。

怎样讲？也就是怎样可以取得讲话最佳效果的形式选择。例如坐着讲，站立讲，借助麦克风讲，读稿讲，即席讲，走动讲，台上讲，台下讲……讲话的形式是多种多样的，取决于讲话者对最佳效果的考虑和选择。

演讲技巧和能力没有捷径和"灵丹妙药"可以迅速成就，而是需要日积月累才能够逐步做到精益求精，取得口若悬河、语惊四座的娴熟效果。

2. 题目准备

题目是演讲内容和主旨的概括。记得著名教育家、演讲家李燕杰教授曾经向我传授心得时说过："演讲题目很重要，要注意文题相符，大小适度，遣词得体，合乎身份。"[①] 大众传播学也有一个提法叫"题好一半文"。标题是吸引人眼球的最重要效果元素，好标题也是讲好话的铺垫。根据讲话内容和目的选择不同的标题类型，设计一个引人瞩目的好标题。

几种不同类型的题目：

质朴型——《爱洒人间》

设问型——《钱不够花怎么办》

---

① 李燕杰（1930.10.—2017.11.）北京首都师范大学德育教授，著名国学家、文学家、诗人、作家、书法家、演讲家、社会活动家，中国演讲协会联盟主席。

对比型——《科学要造福人类,而不要破坏生态》

总结型——《让世界永久和平》

隐含型——《他们的希望所在》

明示型——《公民要树立公德心》

妙喻型——《扬起生命的风帆》

3. 内容准备

公共场合的讲话内容大致可以从以下几个方面做好准备工作:

(1) 所见、所闻、所想;

(2) 论题、论点、论据;

(3) 语法、修辞、幽默;

(4) 语音、语气、语调;

(5) 导语、主体、结尾;

(6) 目光、形体、道具;

(7) 暗示、提问、答疑。

表达内容是演讲的主体,表达方式是提升演讲影响力和效果的手段。表达内容需要最佳的表达方式得已最好的传播,表达方式取决于表达内容的需要。两者是鲜花与绿叶的关系,相互衬托,相互作用,相互影响,整体展现。

4. 演讲效果影响因素

演讲三要素:演说者、听众、时空环境。

演讲的特征:现实性、实用性、鼓动性、艺术性。

演、讲缺一不可:以讲为主,以演为辅;演、讲结合,完美统一。

这里特别要分析一下时空环境与演讲效果的关系。时空环境包括了对以下一些客观条件的考虑和选择:

演讲时间——上午、下午、晚上,根据演讲对象和内容选择最佳时间。

时差关系——注意东西方及不同国家的时差影响,对本地演讲时间的策略选择。

节假日——工作日、公休日、节假日的选择对演讲效果的影响评估。

场地选择——室内(教室、会议室、礼堂、报告厅、剧场、演播室)、室外（广场、操场、公园、社区、海滨）。根据演讲内容和听众做出策划。

场地环境——室内（多媒体设备、音效、灯光、电源、阳光照射、讲台、位置）、室外（噪声、气温、日照、风力、阴雨、音响、邻里与交通影响）。

演讲形式——坐姿（适合报告会）、站姿（适合述职、施政、竞选、学术演讲）、移动（适合拉近距离、与听众互动、营造气氛）。

同一演讲人、同一内容的演讲活动对上述条件的精心策划和选择其演讲效果会大不相同。

五、公共场合的语言技巧

1. 辞格的运用

辞格是修辞的手法，大约有近百种，也是汉语最丰富的优势所在，例如比喻、夸张、设问、反问、对偶、双关、对比、映衬等不一而足。在用语言沟通和表达一个道理时，不妨尝试用打比方的方法表述，效果会更好！这种辞格称为比喻。

例句：

明喻——"今后你走你的阳关道，我过我的独木桥，你我从此分道扬镳！"

暗喻——"到中国犹如进入一家美丽的大餐厅，但是我劝你最好不要进入厨房！"（GE 总裁杰克·威尔逊在上海语）

借喻——"摸着石头过河！"

善用辞格修饰语言不仅仅是一种高级语言的表达方式，而且也会衬托出发言者的文化素质与修养。听众往往能够通过聆听演讲者的讲话对其人格、性格、品格、诚信等个人魅力做出判断，这些公众感受无论是对演讲者个人还是所代表的组织都会产生潜移默化的形象效果。因此我们说公众场合的演讲能力是公共关系驾驭力的体现。

2. 善用多媒体发言

在内部或外部的会议上发言者要善用多媒体设备发言。在许多会议发言中发言者的讲话内容会涉及组织历史介绍、数据分析、各种关系描述、未来规划愿景等，如果仅仅用语言表达不仅冗长，时间不宜控制，而且往往由于语词结构复杂还会令同声传译的翻译员感到力不从心。现在国际交流十分活跃，我们也应该了解一些翻译工作的常识。鉴于东方语言与西语语言形态各不相同，尤其是汉语在语词结构、修辞、语序、表达方式方面与西语差异极大。例如量词在中西语间的互译则需要翻译员进行快速的换算，最具有挑战性。汉语成语的翻译需要翻译员迅速找到一个与之对称的西语表意词组。复杂的哲学思考要求翻译员能够准确理解，并能以一种合适的语境表达。最让翻译员常常处于非常尴尬的场面就是发言人脱口而出的汉语成语或古诗词句。

会议中的同声传译是非常专业的技能，通常翻译员并非是对发言者的讲话逐句逐字的直译，而是对一段语言内容的意译。尤其是在发言者脱稿讲话时，往往翻译员精神高度紧张，极具挑战性。最有经验或最优秀的同声传译员的中西语言翻译过程中内容准确度能够达到七成已经非常了不起了！精神疲劳症是翻译人员的"通病"，大型会议的同声传译翻译人员通常最佳状态也只能维持 40 分钟左右，这时就要更换另外一位翻译员。

因此发言者在条件许可的情况下尽量利用多媒体设备发言，可以取得事半功倍的效果。发言内容中对于历史的介绍和事物的描述多用图片、视频展示，会让观众有强烈的直观和现场感。对数据的分析多用图表、数字表达，阿拉伯数字无须翻译换算，听众视觉识别准确无误。复杂的哲理描述和成语、诗词的引用可以使用事前准备好的短视频、动画、画面插播、音效技术展示让听众通过视觉和听觉的双重效果加深理解。加之 PPT 技术处理，在画面、视频、音效等方面都可以丰富、渲染发言者所要表达的内容，而且可以有效控制发言时间。听众从以往的听讲话，到视、听、感（感受）的多维立体效果。

3. 必备工具书和练习方法

永远伴随我们的三本工具书是《新华字典》、《汉语词典》、《汉语成语词典》。这三本书是一位不断努力学习和提高讲话能力的领导者或公共关系从业人员不可或缺的重要基本工具。

演讲水平的提高需要持久地练习，其中包括：

（1）选择思想性、艺术性强的经典作品，最好是阅读名著。

（2）听别人说，听广播。自己说，经常说。反复听录音，不断矫正自己的语言缺失。与其他人讨论心得体会，交流经验。这就是听、说、录、讨论的有效易行的经验，而且能够很快取得立竿见影的效果。

（3）比较论说文、记叙文、诗歌、散文的风格和语句韵律差异。初级阶段的自我练习可以选择三段式论述文，也就是导语、过程、结论组成的演讲稿格式。导语是演讲开始的第一段，主要是提出演讲的论题。第二段是根据论题展开对事情内容的叙述和思考。第三段是结论，也是演讲的结尾部分。第一段开头要精彩、醒目。第二段要翔实，有细节、过程、情节，并提出问题与论据。第三段是结果，也是对内容的思考结论。当然，还可以给听众设问，留下伏笔。

如果想以更高的标准提升自己的语言表达能力，一个有效的方法就是经常找一些经典的文章阅读，从中比较语言结构，叙事风格和语句韵律的差异。同时也可以日积月累地积累写作知识和表达经验。如果能够养成做读书笔记的习惯就更好了，看每一本书都把其精粹记录下来，成为今后可利用的个人资料库，伸手可得。

本章小结：

在公共场合发言是指在特定的时空环境中，借助有声语言、体态语言针对现实生活和工作中的某个问题，向公众发表见解、观点、动员、号召和抒发情感，从而实现告知或感召听众的一种公共关系效果。

每个人都有潜在的能力，只是很容易被习惯所掩盖，被时间所迷离，被惰性所消磨。公众场合的演讲学习与训练可以培养良好的学习习惯。演讲是建立自信心最好的方式，持之以恒的实践探索，不断提高文化修养，公共形象意识增强，必定会使得驾驭机会的能力得到提升。

第三章

公 关 传 播

一、信息化时代的新挑战

随着互联网和移动通信技术的高速发展,人类已经进入了信息化时代,作为领导者必须清醒地看到在信息化时代超越时空,信息全球传播;驾驭时局,信息主导博弈;应对环境,信息影响形象;运筹帷幄,信息引导决策。

公共信息传播是组织为适应时代发展而必须面对的现实问题,是组织在社会博弈最主要的表现形式,是组织可持续发展的晴雨表和温度计。

"蝴蝶效应"理论,是美国麻省理工学院数学、气象学专家爱德华·洛伦兹于1979年12月29日在美国科学促进会演讲时发表的一个著名观点。[1] 为世界学界所熟知、所认同。

20世纪60年代初,爱德华·洛伦兹教授研究了一个重要的课题:飓风是怎样形成的? 飓风一旦生成会给人们的生命安全和财产安全带来极大的威胁和破坏。他观察飓风到来的全过程,到飓风过后的现场做破坏力调查。他并不满足于这些研究,还到遥远的南美洲亚马孙河畔的丛林里做环境的考察,就在南美洲亚马孙河畔的丛林里他看到一群群小蝴蝶在飞翔,引起了他的关注和遐思。"小蝴蝶抖动翅膀会震动空气,就会产生微弱的气流。在气象学的原理中这微弱的气流在一定的环境变化和作用下,就能引起气环流,乃至大气环流。大气环流一旦生成就会产生一种漂移现象,

---

[1] 美国麻省理工学院数学、气象学家爱德华·洛伦兹(Dr. Lorenz. Edward)(1917.5.23—2008.4.16)。

也就是说在南美洲亚马孙河畔丛林里形成的大气环流，说不定几周以后就可能会漂移到遥远的北美洲，在美国入境，在得克萨斯州或者加利福尼亚州掀起具有巨大破坏力的龙卷风。"

因此他意识到，我们不能只注意到事故、事件、灾难、灾害到来造成的破坏力，那是后果。我们更应该关注到形成事故、事件、灾难、灾害过程中有影响力的那些微小的事物，早发现、早预警、早采取措施，经过我们的努力尽量避免事故、事件、灾难、灾害的发生，或者减小其破坏力。

"蝴蝶效应"是指在一个动力系统中，初始条件下微小的变化能带动整个系统的长期的巨大的连锁反应。这是一种混沌现象。

一个坏的微小的机制，如果不加以及时地引导、调节，会给社会带来非常大的危害，亦称为"龙卷风"或"风暴"效应。一个好的微小的机制，只要正确指引，经过一段时间的努力，将会产生轰动效应，亦称为"革命"。此效应说明，事物发展的结果，对初始条件具有极为敏感的依赖性，初始条件的极小偏差，将会引起结果的极大差异。

"蝴蝶效应"理论向人们揭示了一个原理，那就是某些复杂系统是不易准确预测的，人们要想控制一切的愿望往往并不能成为最终的现实。

2019年3—4月间发生在中国的三大新闻事件引起世界公众的广泛关注，也引发了强烈的社会舆情。这三大新闻事件分别是"成都七中实验学校食品安全事件"、"响水县化工厂爆炸事件"、"奔驰车消费者维权事件"。这三起事件引起的舆情影响力犹如"蝴蝶效应"，学生们在学校的食品安全让全国的家长们感到担忧；政府对企业安全监管的能力遭到公众质疑；消费者对权益保护的无奈引起购车族的强烈共鸣。三起事件引发的舆情再次聚焦了公众普遍关注的带有共性的问题和深层次的社会治理思考。

1. 成都七中实验学校食品安全事件

2019年3月8日四川省成都市第七中学实验学校四年级一班的六位同学出现呕吐、腹痛症状，家长怀疑学校食堂食品有问题并将信息发到家长微信群中。随后有家长将题为《食品添加剂对孩子的危害有多大》的文章发进微信群，一时间引起更多学生家长关注学校食堂的食品安全问题。3月12日开始扩散到网络空间，很快成为网络上广为传播和热议的话题，从而也引起国内外媒体纷纷跟踪报道。

成都七中实验学校越来越多的学生家长们开始介入和参与到与学校、食堂管理者的矛盾纠纷之中,局面越发混乱,甚至与到场维持治安的警察发生冲突。13日激动的家长们与校方对话未果,走出校园在街头拦截汽车,堵塞交通,致使事态发展为社会群体性公共事件。①

此事件虽然没有造成学生死亡的严重后果,但是却引起了国内外媒体的广泛关注,纷纷就中国学校食品安全问题提出种种质疑和立场不一的评论,并且形成国内外社会公众所普遍关注的新闻焦点和热议的话题。强大的社会舆情给成都市政府、有关行政管理部门、学校管理者造成极大的压力和冲击。同时,也纷纷引起全国各地学生家长们对各自子女就读学校食堂食品安全的格外关注,一时间成为全国各地教育行政管理部门和食品安全监管机构的工作重点,舆论压力非常大。"校长陪吃"一时间成为校园学生食品安全管理的权宜之策。

2. 响水县"3·21"爆炸事件

2019年3月21日江苏省盐城市响水县陈家港镇化工园区内江苏天嘉宜化工有限公司化品储罐发生爆炸事故,截至2019年3月25日,事故已造成78人死亡,各类轻重伤员566人。②

这是继2015年8月12日天津港瑞海公司危险品仓库发生特别重大火灾爆炸事故后的又一次造成群死群伤特别重大企业安全事故的公共安全事件。

国务院调查组对"3·21"爆炸事件定性为责任事故,由此调查工作围绕着企业经营法律责任和政府行政监管责任展开。《法治日报》也以《响水爆炸事故暴露深层症结,安监有无不作为》③提出了对政府管理责任的强烈质疑。国内外媒体和网络信息舆情又一次把事故企业和当地政府推向舆论的巅峰,引起各种各样的猜测、分析、热议和评论。

长期以来从中央到地方各级政府不可谓对安全生产管理不重视、不严格,不能说治理力度不够强。可是为什么特别重大群死群伤事故依旧偶有发生?根本问题出在哪里?成为社会公众提出的普遍性质疑。

① 引自:2019年3月17日《红星新闻》调查报告。
② 引自:百度百科数据。
③ 引自:《法制日报》2019年4月8日网络版。

3. 奔驰车消费者维权事件

2019 年 4 月 15 日中央电视台一则"奔驰为什么对消费者不屑"的报道,把网络上本已经沸沸扬扬热炒了两周的"汽车消费者维权难"的话题推向了新的高潮!

事情起因于 3 月 27 日西安市一位消费者因对所购奔驰车质量提出质疑,多日来与销售方西安利之星奔驰 4S 店沟通未果,情绪激动地坐在店内购买的奔驰车盖上哭诉其遭遇。这一视频被现场公众采集并在网络上迅速传播发酵,博得广大网民的同情和热议,舆论哗然。同时这位消费者购车过程中所遇到的一些具体问题引起其他有过同样经历消费者的共鸣,导致舆情被放大,公众开始质疑全国汽车销售环节中的种种消费陷阱和侵害权益的行为,一时间叫骂、声讨、批评、愤怒的情绪宣泄充斥在网络空间,成为开年来又一起影响极为广泛的负面社会舆情事件。

以上列举的仅仅是 2019 年 3—4 月间具有典型性的三起公共舆情事件。由此看到,互联网和移动通信技术的高速发展促使社会形态发生了深刻的改变。这种新的社会形态改变了人们的生活习惯,改变了社会环境,改变了传统的工作方法,改变了人际间的各种关系。这些新的形态构建出了一个全新的虚拟社会。现实社会一个风吹草动,虚拟社会就会做出极为敏锐的反应。而虚拟社会形成的强大的社会舆情,对现实社会就会产生深刻的影响。两种社会形态相辅相成、相互作用、相互影响。

根据中国互联网络信息中心发布的调查报告显示,截至 2020 年 3 月中国网民规模达到 9.04 亿人,互联网普及率达到 64.5%,堪称世界第一网民大国。手机网民规模达到 8.969 亿人,占网民规模 99.3%,移动网络通信利用率堪称世界首屈一指。

上述案例的影响力和数据分析使人们看到互联网和移动通信技术已经全面融入中国社会,互联网改变中国最重要的意义在于,它给广大民众提供了一个变被动为主动,而且无穷大的"信息广场",在这里常常汇聚起不同于政府也不顺从于传统媒体的社会民意。

公众以其独立的民间视角和立场,不知疲倦地对几乎所有的事件做出精彩纷呈的快速反应,写博客、发帖子、上网交流已成为常态。

互联网是公众关注社会、反映社情民意、参与社会政治生活的重要途径，网络表达已经成为社会公众意见表达的新常态。

人们经常受到多数人影响，而跟从大众的思想或行为，自己不会主导行为，常被称为"羊群效应"亦称为"从众效应"。

人们会追随大众所同意的，自己并不思考事件的意义。从众效应是诉诸从众谬误的基础。从众谬误，就是将许多人或所有人所相信的事情视为真实，认为大家都这么说，就一定不会错。这一理论形象地描述了一起公共事件而引发公众舆论高度关注的不容忽视的社会现象。

我们通过中国互联网络信息中心调查发布的另一组数据剖析"羊群效应"的深层原理。截至 2020 年 3 月中国网民文化程度调查占比依次是具有小学及以下文化程度占 17.2%；初中文化程度的占 41%；高中、中专、技校文化程度占 22.2%；大学、专科及以上文化程度占 19.5%。通过这组数据不难看出，网民多数是初中到高中文化程度的人群，占到网民总数的 63.2%，也就是说网民的半数以上人群文化程度并不高。

我们再用中国互联网络信息中心发布的网民年龄结构调查数据分析，截至 2020 年 3 月中国网民年龄结构占比依次是 10 岁以下占 3.9%；10～19 岁占 19.3%；20～29 岁占 21.5%；30～39 岁占 20.8%；40～49 岁占 17.6%；50～59 岁占 10.2%；60 岁以上占 6.7%。青少年网民是多数，占网民总数的 61.6%，也就是近六成的网民是介于 10～39 岁之间的青少年人群。[①]

这两组数据表明目前我国网民多数人受教育程度不高，且以年轻人为多。这会导致类似于上述分析的三个典型事件发生时，多数关注者的专业知识、社会经验、个人经历、分析能力都是十分有限的，但是他们喜欢围观并发出声音。即便初始阶段是少数人或者个别人的声音也会引起多数人的好奇、关注、认同与"跟风"，致使引发"羊群效应"。

然而，就是一些引起"羊群效应"的少数或个别发声者往往也会在对事件的分析和表态时表现出"后视偏差"。后视偏差是一种极为普遍的现象，涉及人的认知和决策领域。面对不确定的信息时，往往对先获得的信息有过高的信任，进而在随后的认识或决策上发生偏差。

---

① 引自：中国互联网络信息中心（CNNIC）2020 年《第 45 次中国互联网发展状况统计报告》。

判断形成于事后而非事前，事件发生后受到误导性信息而创造出虚假的自传性记忆或感知。这是一种记忆扭曲，说明个人在社会知觉中不由自主地认为自己的判断是正确的。

我们所说能够对社会多数公众产生影响力的少数人或个别人一般分为两类。一类是通过自媒体发声的有影响力的舆论领袖；另一类就是传统媒体或新媒体的职业媒体人。

什么是媒体人？媒体人就是在人世间不断找故事、编故事、讲故事的人。

他们热衷于找什么样的故事呢？找最能够令人感到好奇、喜悦或愤怒的故事。

什么样的故事最能够令公众关注？往往与公众个人利益相关的故事最受关注。

还有什么故事会令公众普遍关注？那就是负面的、丑闻的、灾难的、爆料的故事最夺公众眼球。

他们通常会在哪里找故事呢？公众人物、社会组织、公权机构、弱势群体、网络微博、微信群都是故事素材取之不尽的丰富来源地。

怎样应对这些媒体人呢？应该坦率地承认无法应对，与之宣战将是永远无法打赢的战争！

那该怎么办呢？最佳的方法就是沟通，学会与各类的媒体和媒体人沟通，与网络空间形形色色的舆论领袖沟通。通过有效的沟通使其信息对称，加强相互理解，揭示事实真相，努力让人们所获得的信息和传播的声音客观、公正、真实，满足公众的信息需求，引导社会舆论。

媒体人的职业准则应该是立足真实、秉承公正、伸张正义、维护稳定、承担责任。

而毋庸置疑，我们有时也会遇到一些有失职业操守的媒体人，这些人热衷于立足猎奇、秉承利益、善于炒作、文过饰非、混淆视听、时过境迁、不负责任。

为什么媒体界会有这样的现象发生呢？这就要认识到我国媒体业的形态和属性，一般分为三类：一类是政府主导型的媒体；一类是社会主导型的媒体；还有一类就是自我主导型的媒体。这三类媒体有着各异的生态特征，其责任、使命、目的、追求也会各不相同。只有对这三类属性不同的媒体做出客观的分析和认识，也就基本上可以辨识我们所面对媒体人的职业特质和价值取向，从而有助于沟通策略的选择，降低沟通过程中的风险。

首先我们看政府主导型的媒体。政府在社会管理工作中需要通过媒体搭建起与公众的沟通渠道，向社会发布各类信息，报道社会发展状态，传播公共文化，倡导国家精神和思想意识，亦称为"官媒"，我认为这些都无可非议。这类媒体是政府主办的，肩负着向社会公众发布和传递政府的政令、政策、制度、法规等责任。

而在中国新闻体制改革后更多的是社会主导型的媒体，其企业化的组织属性决定了他们必须树立起"经营媒体"的观念，媒体要获得最大的经营效益才能生存，才能参与媒体竞争，才能发展壮大。而媒体效益大多都是来自广告和发行收益。由此广告供应商和读者成为直接影响经济效益的关键要素。而广告供应商往往又是以媒体的知名度、读者数量和传播影响力为评价依据，导致媒体要想获得较好的广告收益，必须要依赖庞大的发行量和更加广泛的受众群。在办刊（台）内容上要竭力取悦和满足读者、观众对信息需求的兴趣倾向，不断在社会上采集和报道令读者、观众津津乐道和喜闻乐见的消息、分析、评论。只有这样才有可能维系一个较大的受众群。这样的办报（台）的理念往往也会顾此失彼，有时为了追求轰动效应而传播了一些与政府或"官媒"主流立场和声音不一致的信息，发表了一些极易引起争议的评论等，从而给社会平添了一些不和谐的音符。尤其是一些既有政府主导的色彩又必须依赖市场生存的混合媒体形态组织中则在政府、受众、投资者、消费者等诸多管理关系中出现许多相互掣肘、相互影响、互为作用的不易平衡的复杂性，成为当前媒体管理工作的新课题。

第三类是自我主导型的媒体。特指自媒体形式的信息传播，以及一些境外媒体对中国事务的报道。有人说今天已经没有单纯的受众，媒体与受众之间的边际越来越模糊了。现如今人人都是信息采集者和传播者，人人都是记者手里都拿着麦克风，一点也不夸张。互联网技术开启了"全民记者"的新时代。

通过以上分析让我们认识到形态各异的三类媒体形态和不同程度的媒体风险，在媒体报道中最具破坏力的风险就是失实信息传播和恶意的评论影响。失实报道往往起因于媒体所关注或者涉及公众利益的信息因为信息渠道不畅通，媒体在没有得到官方发布通稿之前只好在民间进行采集并传播，这就是为什么很多媒体所报道的消息内容有真相，也会存在失实。往往对同一个事件的报道不同媒体也会发出不同的声音，一时间真的、假的、半真半假的、真假难辨的信息甚嚣尘上。

当今更加值得警惕的是假新闻的挑战与威胁。假新闻的起因可能是出于政治企图、利益炒作、掩饰真相或刻意阻隔真实信息。

假新闻通常采取断章取义、胡编乱造、虚实游走、移花接木、肆意揣摩、杜撰史实等手法主观炮制和恶意传播。假新闻的传播渠道主要是通过主流媒体、社交媒体、印刷制品、活动集会等途径。

假新闻的传播会造成混淆视听、误导民意、诱发情绪、制造恐慌、挑拨离间的后果，最终形成社会的信任危机。面对假新闻的传播必须客观承认是无法杜绝的，而最有效的对策就是用真相和事实与之对决。

影响中国政治安全和社会安全的另一个重要风险源来自"第五纵队"①。这是境外敌对势力隐藏在国家内部的内应力量，传播对人们心理和思想中能够形成广泛影响力的破坏性信息，离间社会关系、制造社会恐慌、散布各种谣言、煽动不满情绪、颠覆国家政权。这种隐蔽的势力往往会无声无息、无休无止、无时无刻、无所不在。

假新闻（Fake news）是刻意以传统媒体或是自媒体形式传播的错误信息，目的是为了误导公众，为传播者带来政治及经济的利益。

假新闻的治理策略：

1. 完善立法

依据法理界定假新闻，区别故意与无意传播，编造与转传行为，细化制造和传播者的行为边际，这样才好依法判断和追究行为人的法律责任。

随着自媒体技术的迅速发展，公众采集、公众传播已经成为常态。对

---

① 国际政治术语。源自西班牙内战时期攻打马德里的围城将军说："城外我有四个纵队的兵力，而城内还有一只潜伏的纵队，此战必胜。"从此"第五纵队"成为隐蔽在敌人内部力量的代词。

于一些公共事件发生自媒体往往比传统媒体发声早，传播快。公众往往比官方发声早，扩散快。对于非官方发布的公共事件信息会对社会构成一定的恐慌风险，影响社会秩序。对于公共事件信息公众是否有权发布或传播？公众早于政府发布公共安全事件信息是否构成违法？这类信息的真实性由谁甄别？警方是否有权自行甄别判断危害信息并对传播者采取强制措施，删除信息或限制行为人？这些都是当前社会治理的法律盲区，亟待完善。

2. 改进方式

要注意避免官方消息不如小道消息，有些时候官方发布的信息往往不被公众所相信或认同。究其原因无外乎是由于官方发布的信息往往强调了事情的性质而忽略了内容的空洞，缺少因果、过程、细节、当事人、现场等情节内容，易引起公众的猜想或质疑。仅从大局考虑，忽视了公众关注，为了避免引发恐慌而掩饰真实情况。尤其是"官媒"要注意纠正官话、空话、套话的"真新闻"过烂，导致有情节、有过程、有细节绘声绘色的假新闻泛滥，这就需要改变决策思维和新闻传播的话语表达方式。

3. 媒体自律

充分发挥 NGO 组织的作用，开展媒体自律和自我管理。各地都有"记协"组织，人民代表大会应该以立法的形式授权这些行业组织建立"行规"和职业规范，自查、自纠、自律。建立对媒体的监督机制和投诉、争议的民事仲裁机制，接受社会监督。

4. 公众教育

培养公众批判性思维，学习辨识技巧。尤其是我国要加强新闻辨识教育理论和课题的研究，并且作为公众课程普及到社会，让大家掌握新闻辨识的方法，提高公众对所关注信息的辨识能力。同时也要加强"网络公民"的法制教育，在虚拟社会空间的法律行为责任和道德操守义务。

制造和传播假新闻是互联网时代世界各国都在面对的一个极具挑战的社会问题，其危害具有高度的不确定性和高度的风险性，关系到社会的稳定、国家的安全。这种现象无论是对政府还是企业，都是极具破坏力的一种新的风险，关系到组织的公信力、品牌、形象与发展，需要纳入现代组织管理的公共关系范畴之中。

当前网络中活跃着大量与现实社会息息相关的"网中人"（亦称"大V"），一些"网中人"也时常会在虚拟社会中制造网络公共事件，从而对现实社会造成极大的影响和危害。网络公共事件的防范和处置考验着各类组织的智慧和治理能力。

二、传播是公关重要职能

公共事件的发生一般都会有两个阶段，首先就是事件发生期，随后就是事件善后期（图 3-1）。在事件刚刚发生的第一个阶段往往大家关注的是事件的现场，也就是事件威胁力。往往会忽略了不在现场的社会公众认知状态，也就是信息影响力。在第二个阶段大家更多注意的是事件现场的破坏程度，也叫损失认知度。而往往忽略的则是社会公众的心理伤害（包括不好的感觉和认知态度），也叫心理复原度。

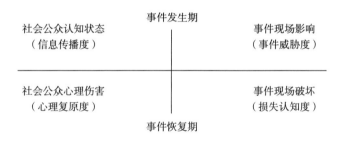

图 3-1　事件两阶段影响力维度

所以在面对公共事件发生时，从公共关系管理的角度应该同时注意的是不同阶段四个维度的状态，主动采取措施，减小损失。这就要求我们在平时建立起应对公共事件发生的四个能力：

缩减力（reduction）——对不利信息传播的有效控制和缩减能力。

预备力（readiness）——对减小事件威胁的应对准备。

反应力（response）——对利益相关者反应的关注敏锐度。

恢复力（recovery）——对公众心理恢复的帮助和引导能力。

一定要提高管理能力，以降低公共事件和危害信息传播的影响力和破坏力。管理策略和方法要具有针对性，强调有效性。这就先要对媒体采访报道并发布事故、事件信息的风险有足够的认识。

风险之一是无法可依,万般无奈。目前我国新闻立法工作一直不够完善,对于媒体或媒体人的行为往往只能由宣传行政管理部门依据政策或制度判断和认定,缺乏法理依据。公众和企业很难准确依法界定其行为的合法性,极易引发与记者的矛盾、冲突,也给各级政府造成许多困扰,深陷舆论漩涡之中而深感无奈。

风险之二是"蝴蝶效应",防不胜防。一经报道的事故、事件信息往往会被广泛地传播和无限地放大,引起轰动效应,甚至小事情被大渲染,搞得舆论沸沸扬扬,其破坏力甚至远远大于事故、事件本身。

风险之三是二次传播,人言可畏。媒体报道会引起公众关注,也会被其他媒体转载,二次甚至被无数次传播,形成"链式反应"。类似于公共安全事件和消费者维权事件的信息,往往与公众利益紧密相关,更多媒体受自媒体发布的信息或传统媒体报道的影响而纷纷介入采访、持续报道、发出观点各异的评论,致使舆论发酵。

风险之四是捕风捉影,搅乱大局。组织常常被不实信息传播所困扰,特别是针对组织领导者的一些十分离奇的信息往往会被迅速传播,一时间真假难辨,让组织和领导者都陷入舆论风波。

风险之五是危急时刻,麻烦多多。尤其是有影响力的主流媒体如果做出失实报道往往会对组织造成致命的打击,即便采取措施矫正也很难恢复元气。

面对以上这些情况组织应该如何防范和化解风险呢?该怎样制订组织的公共关系管理方略呢?我们可以按照以下思路去考虑。

首先是阳光心态,先入为主。组织遇到事故、事件发生特别要注意把握好先声夺人,先入为主的原则。与其别人说,不如自己说;与其被动说,不如主动说;与其外行说,不如内行说;主动驾驭事故、事件信息发布的主动权,先声夺人。

再就是把握时机,运筹帷幄。时机非常重要,稍纵即逝。在事故、事件发生的过程中,何时说话、怎样说话、说什么话尤显重要,快速反应,灵活应对。

还有就是与媒体建立紧密的关系,持之以恒。组织在平时就要重视与媒体的关系,作为常态工作长期开展新闻联络网的建设。目的是引导更多的媒体关注组织、了解组织、信任组织，这将会有益于组织在发展过程中的宣传工作，这对组织的形象和品牌建立至关重要。

危急时刻，同舟共济。在危机发生时组织新闻联络网的记者能够在对事故、事件的报道中秉承客观性和真实性的原则，不仅报道事故、事件本身，还会介绍组织的背景，做出全面分析和客观评论。同时，记者们还会给予组织许多积极的建议、帮助和协调。不要仅把记者作为信息的采集者和传播者，他们往往也是重大事故、事件救援、善后处理工作过程中的宝贵资源和不可或缺的重要力量。

避免扩大事态影响和误导公众舆论。当组织遇到重大舆情事件时，新闻联络网的记者们出于长期以来对组织的了解和熟悉，往往能够发出不同的声音，这对借机炒作、恶意诋毁、制造恐慌、离间组织与社会关系的蛊惑性信息能够起到十分有效的遏制作用。

严格管理，防患未然。当然组织在实施媒体管理的过程中也要警惕和防范个别居心叵测的媒体或媒体人别有用心的行为。毕竟在世界各国，传媒业都是一个非常复杂的行业，也会出现利益代言人、行为代理人、窃取组织情报、索取媒体或个人利益等现象。这就需要制定出符合法律规定，具有针对性的组织管理制度和工作策略。

比较一下传统媒体时代和新媒体时代的差异，我们不难看到现在的媒体管理更具有挑战性。在传统媒体时代（电视、广播、杂志、报纸）受众相互之间没有联系，独立事件的社会影响范围有限。我传播什么，你就接受什么，受众没有选择。议题由媒体设置，受众被动的被媒体牵着鼻子走。

随着互联网和移动通信技术的发展而形成的新媒体时代，传统的媒体受众关系格局完全被打破。即便身在异地、互不相识的人们也能够因对同一信息的关注而互相联系起来，相互发声，相互作用，相互影响。并且在浩瀚的信息广场里选择或发出自己所感兴趣的信息和寻觅"知音"。公众在自媒体日益强大的今天不仅仅是信息受众，也是信息采集者和发布者，受众由被动变为主动，公众可以自己设置话题，真正意义的"全民记者"时代已经形成。因此也导致当前信息管理工作的四个不可控，既新闻源头不可控，传播速度不可控，内容分散不可控和舆论易放大不可控。这是世界各国政府共同面对的社会治理挑战，也是符合"蝴蝶效应"理论规律的。由此可以认识到信息化技术的发展改变了社会环境，如果仍然以传统媒体时代的思维试图有效控制媒体信息传播，仅仅是自己的主观愿望，并非能够实现。

转变思维方式，通过多种形式的有效沟通才是建立组织与媒体关系的平衡方法。研究有效的沟通方法首先要认识互联网时代信息传播的特征：

全球性——跨越疆界，信息世界传播；

动态性——时时更新，信息瞬息万变；

互动性——相互作用，信息跨越时空；

快捷性——瞬间传播，信息一鸣惊人；

多元性——图文并茂，信息视听刺激；

虚拟性——人以群分，信息网络空间；

欺骗性——虚实并存，信息真假难辨；

导向性——先声夺人，信息人云亦云；

风险性——无拘无束，信息为所欲为；

开放性——披露隐私，信息阳光效应。

通过以上十个特征不难看出网络信息传播与传统媒体信息传播的差异，前者信息传播的影响力更大，作用力更强。这是一把双刃剑，不利的危害信息传播其影响可能会转变为强大的破坏力，有利的信息传播其影响也可能会变成超乎寻常的公信力。这是公共关系工作十分重要的认识。

下面我们通过中国互联网络信息中心发布的网民职业结构分析看看网络信息所影响的公众类型，以便组织有针对性地制订公共关系管理策略。

截至 2020 年 3 月，按照职业划分网民总数占比依次是：学生 26.9％；无业、下岗、失业人员 8.8％；个体户、自由职业者 22.4％；企业一般人员 8.0％；企业中层管理人员 2.4％；企业高层管理人员 0.5％；制造生产型企业人员 2.6％；农林牧渔业劳动者 6.3％；商业服务业人员 4.4％；专业技术人员 6.0％；退休人员 4.7％；党政机关事业单位一般工作人员 2.4％；党政机关事业单位领导干部 0.4％。① 数据表明在中国网民群体中

---

① 引自：中国互联网络信息中心（CNNIC）2020 年《第 45 次中国互联网发展状况统计报告》。

学生人数最多，其次是个体户和自由职业者，再有就是企业、公司的一般管理人员和一般人员。

这一组调查统计数据的意义在于对受众范围的分析，有助于分析不同内容的信息会对哪些不同社会群体产生较高的关注度和影响力，而这部分受影响的网民规模对全局所能够产生的影响分析和作用力判断。舆情分析应该是公共关系管理工作的常态内容和职责技能。

三、宣传工作常态化管理

在信息化时代从某种意义上看舆论决定成功与失败不无道理。要适应信息化、网络化的新形势，改进组织的宣传工作方式，提高舆论引导能力，扩大话语权，已经成为现代组织管理的新课题。

1. 组建新闻联络网

传统媒体：电视、广播、期刊、报纸、户外广告等媒体类型。

新媒体：网络传媒、移动通信平台、线上视听、电商广告等。

收集有影响力的媒体机构信息，梳理出对组织发展有用的媒体资源，包括国家级媒体、地方级媒体、行业媒体。向这些媒体主动示好，经常向他们发出邀请出席组织举办的"新闻联谊会"，主动介绍，表达善意，建立新闻联络网。定期或不定期举办媒体开放日，邀请记者们到组织做客，考察生产、工作流程，采访所感兴趣的人物。召开创新服务和新产品、新技术发布会等。

惠普公司新闻联谊会在轻松的气氛中增进了企业与媒体的友好关系

崔和平　摄影

按内容分类媒体大致可以划分三类：时政类媒体、文化类媒体、专业类媒体。不过当前媒体融合发展也会使得媒体内容属性越来越模糊起来。

根据新闻联络网成员各自的分类，设计各种记者联系方式、活动内容、稿件差别化、主题策划、通稿内容、广告计划等。注意尽量满足不同媒体的需求，向媒体提供的信息要形式多样，内容丰富，以适合不同媒体受众的需求。

常用的信息发布形式包括通讯员发稿，新闻发布会，接受专访，第三方发布，公关部门的动态信息通稿发布等。

2. 寻觅舆论领袖

"舆论领袖"是由美国大众传播学者拉扎斯菲尔德教授于 20 世纪 40 年代所提出。[①] 他说："舆论领袖是影响民意的一股重要力量，能够左右舆论的发展方向。"今天的互联网时代我们尝试发展一下这个理论：影响一位"舆论领袖"就等于影响了几万、几十万甚至更多网民的舆论倾向。

舆论领袖是一个中性词，他既可以是积极的正面舆论引导者，也可能是消极的负面舆论引导者。舆论领袖往往具备以下特质：一是在社会上或某一领域比较有影响力的人物；二是具有专业知识、经验和分析判断能力的专家；三是公众形象较好，有一定公信力的社会人士；四是虽然与事件不相关，但是有话语权的人。

当然有时还会有另一类的舆论领袖，就是事件当事人、重要目击者或利益相关人。

发挥舆论领袖的作用就是用少数人的声音去影响多数人的判断，用客观、真实、公正的信息和观点去影响社会公众，以形成有利的舆论环境。

平时组织的公共关系工作就应该注意寻觅和结识前一类的舆论领袖适当人选，并与其加强彼此熟悉和了解，事故、事件发生时能够请他们及时以第三方身份发出声音，影响公众舆论。

而在事故、事件发生时要能够及时、敏锐发现现场的亲历者、目击者、受益人，并注意甄选出合适的人选，安排他们对媒体发出第三

---

① 拉扎斯菲尔德（Paul Lazarsfeld）是美籍奥地利人，著名社会学家，美国哥伦比亚大学传播学教授。

方声音。

1993 年 8 月 17 日《北京晚报》第一版载文

　　1993 年 8 月，日本女青年大岛裕子随旅游团到新疆和甘肃等地旅游，途中她患急性肠胃炎，上吐下泻，出现脱水、抽搐症状，病情危重。日本保险公司向亚洲国际紧急救援中心提出援助请求，考虑到当地医疗条件有限，紧急将她护送到北京治疗。我们安排患者在北京同仁医院就医，但大岛裕子小姐坚决拒绝住院治疗，要求尽快返回日本。她在与父亲通话中表示了对中国卫生条件的担忧和社会治安的恐惧，痛哭流涕。

　　我们与患者在日本的父亲通电话，介绍了患者病情和出于健康考虑提出留医治疗的必要性，家长表示理解和同意。鉴于女儿的担忧，家长希望安排她在医院附近的酒店入住，就不住在医院了。究其原因我们了解到一是因为患者和家属对北京的医疗条件不了解、不信任；二是对北京的社会治安环境深感担忧。

　　经与医院领导沟通，决定以这次患者治疗为契机，对外展现北京同仁医院涉外医疗的良好形象和北京市社会安全环境的真实面貌。

　　在我们的精心安排下做出如下的接待准备：

　　（1）在十二楼外宾医疗病房区为大岛裕子安排了一个单间病房，墙壁上挂着一幅风景画，室内摆放了盛开的鲜花；

（2）抽调了会讲日语的医生和护士参与治疗和护理工作；

（3）毗邻医院的新侨饭店提供了日本料理菜单；

（4）安排了一位年龄相仿、会讲日语的护士全程陪伴；

（5）病房开通了国际电话线路。

当大岛裕子被医疗人员护送到京来到医院首诊时，医护人员冒着炎热酷暑在门口用她熟悉的语言热情地迎接了她。

一番门诊、检查、诊断过后，医生认为患者病情较为严重，建议留医治疗和静养几日。我们告诉患者，根据她父亲的要求已经为她预订了医院毗邻的新侨饭店客房，她可以方便地到医院就近就医。

在就诊、检查过程中一来二去大岛裕子与陪伴她的护士交谈甚欢，都有些难舍难分了。护士趁势对大岛裕子说："时间还早，要不要我陪你去参观一下我们医院的病房？"她出于礼貌同意了，我也陪同她俩来到病房区。

病房里明媚的阳光，凉爽的温度，熟悉的壁画，安静的房间，洁净的卧具，象征生命的鲜花盛开……映在大岛裕子眼帘的竟是如此舒适温馨的环境，这让她始料不及。也许更让她觉得身边这位会讲日语的同龄护士非常可爱。于是她试探地对我说："崔先生，您为我预订的酒店是否能够取消，我想住在医院。"她拿起电话把自己看到的这一切立即告诉远在日本而为她担忧的父母。"爸爸，我改变主意了，我想住在医院，这里环境非常好。这里有会讲日语的医生和护士，她们对我非常热情友好！"

当然，这样的医疗环境和条件是有别于医院普通医疗病房的。差别化服务是各国医疗机构的通行做法，以满足不同需求的患者。日本国民的健康和生命保险意识非常强，据说平均每一位日本国民拥有四份与健康和生命相关的保单。这一次大岛裕子在新疆的医疗抢救、医疗转移护送、北京同仁医院所享受到的医疗服务全部费用来自日本保险公司，她是保险的受益人。由此可见，当一个国家的社会经济发展到较高水平时，公众对保险的认识已经不仅仅是满足于一般意义上的基本意外保障，而是对服务品质有着越来越高的选择需求。

经过几天的治疗大岛裕子逐渐康复了，她在这里的治疗和生活非常顺利、愉快！她对护士说："我已经康复了，很快就要出院了，今天你下班后有没有时间陪我出去走一走，我想看看北京。"护士把大岛裕子的要求向医院领导做了汇报，刘福源院长让护士陪大岛裕子在北京城走走看看。

当大岛裕子漫步在天安门广场时她充满好奇地问这问那，"这里就是中国的首都北京？""那就是天安门？""这就是世界最大的城市广场吗……""过去我只是通过国外的媒体知道一些，现在我终于来到了这里！"她不时按下手中相机的快门，记下这最难忘的瞬间。此时的大岛裕子没有了焦虑、没有了恐惧，她深情地赞叹"北京真美！"她笑了！

《大岛裕子笑了……》成为1993年8月17日《北京晚报》头版的一篇通讯。报道中描述：裕子小姐康复了，脸上再也找不到一丝愁容。她说："我们旅游团只有我一个人来北京了，我真幸运。回国后我要用亲身经历对人们说，中国好，北京好。我住过三次医院，一次是在日本，一次在香港，一次在这里，这里最好。北京同仁医院的服务是一流的。今后我要和父母再来北京，一定要再到同仁医院看望大家。"

出院时大岛裕子小姐热情地邀请医生护士有机会去日本时一定到她家做客，彼此已然成为朋友。看得出她已对中国医生护士产生了微妙的友情，临别时还真有些恋恋不舍。[①]

这就是我亲身经历过的一段往事，也是"故事"始末的策划者。这就是公共关系的魅力所在，通过我们的努力可以让别人改变。而最终能对社会产生影响力的并非是我们，而是故事的主人翁大岛裕子小姐。她的亲身感受和客观评价已经被媒体所传播，相信这些信息会对更多公众产生广泛的影响和良好的印象，这就是大岛裕子小姐这位"舆论领袖"的魅力所在。

总之，通过我们的主动工作，用舆论领袖的影响力引导舆论，抵消负面舆论的影响是一个针锋相对的有效方法。

3. 宣传策划四部曲

千万记住任何宣传工作切不可作假，不能够编造虚假信息，更不能够欺骗舆论，否则一定会自食其果，一次翻船则永远无法逆转。但是宣传工作要善于精心策划。

---

① 引自：《北京晚报》1993年8月17日第一版通讯。

第一部：舆情监测。组织要建立起常态的舆情监测制度，这项工作应该由公共关系职能部门负责。通过每天对各类媒体、网络舆情的信息检索，汇总编辑《信息与舆情简报》，每天发送给组织主要领导、各职能部门负责人、董事会成员、大股东投资人等。

舆情监测主要包括以下几个方面的内容：

（1）与组织相关的国家法律、法规、制度、政策、条例、标准、通知的发布信息；

（2）本行业技术、投资、市场、价格、进出口、消费者需求的动态信息；

（3）本行业竞争者的各类信息；

（4）涉及本组织的正面、负面各类舆情信息。

第二部：调查分析。对与组织相关的重要信息、舆情及时做出调查分析，特别注意舆论倾向和受影响的范围人群。

（1）分析信息发布者和舆论倾向；

（2）确认传播载体和评估影响范围；

（3）分析受众群体的特征；

（4）舆情持续时间和未来趋势预测；

（5）舆情效果预测和风险判断。

第三部：方案策划。工作重点在于设计主题和选择角度。

（1）提出问题、课题。必须明确选题目的，不能只是相关人员关在会议室里脑力激荡想问题，而是要去接触相关人发现问题，设计课题。

（2）选择角度、分析。经过调研、分析，准确选择与媒体和公众关注相一致的宣传角度。

（3）提出、论证方案。做出最好两个以上的宣传策划方案，进行方案比较和论证后选择最佳行动方案。

第四部：计划实施。工作重点在于实施策略和效果的评估，开展有效的宣传和舆论引导活动。

（1）准备实施方案策略集；

（2）调配资源和组织行动团队；

（3）活动效果评估，总结经验。

一些组织规模比较小或缺少公共关系专业的人才，对于实现上述专业化的管理可能存在实际困难，也可以考虑借助外部资源，购买相关专业服务，实现管理力的有效提升。购买服务的好处是可以在多家服务供应商中比较优胜劣汰，可以随时替换，可以提出服务要求和条件，可以讨价还价控制成本。欧美企业往往就比较喜欢聘请专业的公共关系公司或顾问公司为其服务，往往比组织小而全的做法会更加节约成本，提高效率，确保专业化水平。中国的一些组织机构往往喜欢事必躬亲，更愿意招揽人才建立自己的职能工作部门，关起门来内部运作，不太情愿让外部人员过多介入内部事务。两者比较各有优劣，没有绝对正确和错误的区别，可以根据实际情况做出选择。

4. 组织环境分析

在公共关系工作的规划中，必须要完整、客观了解组织的自身优势和劣势。如何考虑在对外宣传和形象塑造方面扬长避短，通过有效的公关手段促使组织发扬优势，缩小劣势。

内部环境

优势 （Strengths）	劣势 （Weakness）
机会 （Opportunities）	威胁 （Threats）

外部环境

图 3-2　SWOT 分析模型

"SWOT"分析模型展示出组织所面对的内部和外部两个环境关系（图 3-2）。这个分析矩阵提示我们如何将劣势向优势转化？面对外部的威胁怎样发现机会？而发挥内部的优势又怎样能够驾驭外部的机会从而增强竞争力？

就企业而言通常会有哪些优势呢？

杰出的创新能力；

充足的财务资源；

有效的竞争策略；

顾客的良好印象；

公认的市场领先者；

健康的企业状态；

规模经济的取得；

对强大竞争力的隔离；

专利技术；

出色的广告和宣传；

得以证实的管理水平；

超越经验曲线等。

常常会有哪些劣势呢？

缺乏明确的策略和方向；

设备陈旧；

低水平的获利能力；

缺乏管理深度及才能；

过高的福利及过大的退休人员压力；

实施战略不力；

内部运作问题干扰；

研发能力落后；

产能不足；

市场形象差；

分销网络弱；

财务状态不良；

高于竞争者的成本等。

任何企业只能在某些领域具有优势或存在弱点，几乎没有任何企业在所有领域都具有绝对的优势或毫无优势。任何企业间的优势或弱点也不会完全相同。通过对企业内部的优势和劣势分析，将优势资源与组织绩效建立联动关系，创造相互利用与支援并能够增值的价值关系，就是企业价值链的形成。这个分析方法也可以用于本企业与竞争企业的比较，从而发现各自的优势劣势，在企业竞争发展策略中扬长避短。

维持企业可持续竞争优势的四个关键要素是：

（1）高度的复杂性——设计、工艺、配件、结构高度复杂。

（2）稀缺和宝贵的能力——人才、原料、资本、技术的稀缺或专属权。

（3）无法模仿的能力——发明创造、授权专利、秘密配方、垄断权力。

（4）稳定性的能力——人力资源、财务实力、成熟技术、品牌效应、市场认知。

以上思考过程每个环节都充满着公共关系的影响力，通过精细、周密的策划宣传和公关活动，不仅仅能够提升企业的社会形象，也会削弱不利影响因素，结合企业优势形成自身的竞争力。

四、危机事件的信息管理

在危机事件中不仅要对信息实施有效的管理，而且还应努力引导媒体成为危机事件的抵御力量。媒体是抵御危机的重要资源之一，是与公众沟通的渠道，是体现组织管理力的裁判员和二次传播者。

再以"成都七中实验学校食品安全事件"为例。事件的高峰是3月12日、13日家长与校方的矛盾转变为冲突，随后走上街头发生警民冲突，最终发展成为社会群体性公共事件为结果。但是，这不应该属于"突发公共事件"而是衍生公共事件，而且是经过一段较长时间的矛盾酝酿和逐步激化所导致的。

2018年8月，四川德羽后勤管理服务有限公司接手成都七中实验学校食堂。

同年9月13日学生家长向学校管理方提交《关于高中部学生校园生活的现状及建议》，其中部分内容反映食堂存在的五个问题：窗口少，分量少，品质低，营养缺乏，价格贵，服务差。

问题1：学校管理者是否重视家长的反映，调查该公司所经营的其他学校是否也存在类似情况？

12月份又有多名家长向学校反映，中学食堂存在勾兑饮料、油炸食品、冷冻食品过多、价格高等问题。

问题2：校方是否引起重视，与承包方及时沟通，检讨改进？

2019年3月8日四年级一班的六名同学出现呕吐、肚子疼等症状，情况在家长的微信群中开始传播。

问题3：学校是否掌握家长群的舆情动态，启动"预案"，及时掌握病情，报告当地疾控中心？看望身体不适的学生？主动向家长通报情况？

10日6名患病学生家长来到学校，怀疑学校食堂存在食品安全问题，提出参观食堂的请求。在德羽公司经理及食堂厨师长的陪同下，几人前往参观，有人拍下食堂照片并发进了家长群。

问题4：校方为什么没有及时介入，加强风险防控？

11日上午又有一些学生反映身体不适。晚7时38分，有家长在家长委员会的微信群连续发了多张照片，主要涉及调味剂及腌制食品。参观食堂的一名家长称，在食堂内发现的较大问题有使用杂牌调味剂、所用餐具未见专门消毒设备等。很快，群里多名家长就调味剂及腌制食品展开讨论。一位家长称，"食堂竟然给孩子吃这么多添加剂。"

问题5：校方为什么仍然没有主动介入其中，参与调查，控制事态发展，协调好各方关系，启动"学校食品安全应急预案"。

12日，家长群讨论仍在持续。有家长将名为《食品添加剂对孩子的危害有多大》的文章发进微信群，有人在群里扬言"这次一定闹大、不能简单了"。下午1：30至3：30，学校投资方冠城集团分管负责人、德羽公司负责人、校方及14名家长代表首次共同沟通此事，最终达成四项共识：换大品牌食用油，冷冻食品不上桌，火腿肠和培根、味精等调味品都换成品牌产品。随后学校成立应急小组，向所在区行政管理部门报告。

问题6：为什么此时校方才介入？为什么没有更早主动将情况及时报告当地教育行政主管部门和食品安全监管机构。

12日上午8时许，部分家长赶到学校，簇拥着德羽公司相关负责人向着食堂方向走去，看见有车辆在装运货物，怀疑食堂正在转移问题食品。晚上9时后越来越多家长们涌入仓库，拍下了更多的照片，很快在网络上流传。

问题7：当地行政监管部门接到报告后为什么没有及时采取现场保全

措施和取证？

晚上9时许，成都市温江区公安分局涌泉派出所接到报警称，七中实验学校内发生了多人打架的事件。围观家长越来越多，为了不造成混乱，警方到现场劝说家长冷静，并立即控制和隔离食堂工作人员。

问题8：为什么没有实施食堂现场封闭保护措施？

13日凌晨，警方带走了校方、食堂承包方德羽后勤以及食堂工作人员共八人进行调查。早8时许，仍有一拨拨家长前来，现场破坏很大，其间有家长拍照时故意将不同食材进行混合。在现场家长及成都市温江区市场监督管理局见证下，现场提取19批次检验样品。原始形态已被破坏，影响了检验结果。

问题9：是否存在措施不到位和行动滞后导致事态恶化？

13日上午讨要说法的家长汇集在学校，11时左右，学校一位负责人正在与家长沟通，一位情绪激动的男性家长抢过正在发言的校领导话筒摔在地上，并号召家长去外面"堵路"，以表达诉求，至此非理性群体维权事态逐渐形成。11时20分左右，一百多位家长来到校门外的光华大道。某家长奔向一辆正在行驶的长途大巴车，将车拦停，家长们开始在光华大道上聚集。警方立即将拦车家长带走。现场其他家长反应强烈，涌向警车企图阻拦正在上车的警察，并对警察进行辱骂和推打，现场民警使用了警用催泪喷射器。一起学生家长维权事件导致成为警民冲突公共事件，矛盾发生了质变。

随着事件的迅速升级，媒体和公众关注度也随之提高，而且把关注的焦点从学校转向政府。对于当地政府来说舆情回应则成为更为重要和时不我待的挑战。

中共中央办公厅、国务院办公厅于2016年2月17日发出《关于全面推进政务公开工作的意见》，特别指出加强突发事件、公共安全、重大疫情等信息发布，负责处置的地方和部门是信息发布第一责任人，要快速反应、及时发声，根据处置进展动态发布信息。

带着以上九个问题的思考，再审视"成都七中实验学校食品安全事件"的舆情处理过程。

14日成都市温江区政府、四川德羽后勤管理服务有限公司、成都七中实验学校等相关负责人接受媒体采访，回应社会关切。冠城集团还发表了一封公开致歉信。

评价1：就学生家长关切和社会公众热议的话题，舆情引导滞后。

15日，成都市温江区市场监督管理局发布了第一批检测结果的通报。而检验报告显示，所测样品所检项目均符合食品安全标准要求。这份报告再次引发争议。

16日，温江区市场监督管理局再次开库，对封存食材进行核查。检测结果发现，粉条表面确实发现霉斑，确认这些粉条存在变质发霉。对这批粉条，成都市温江区市场监管局立案查处。为此舆论提出对检测报告的更多质疑，舆情进一步发酵。

评价2：这是典型"塔西佗陷阱"① 现象展露。

17日上午，"成都七中实验学校食堂管理问题"新闻发布会举行，就公众关注的热点问题向社会公开说明。

温江区区长就成都七中实验学校食堂问题，在发布会上宣布了八条措施：

（1）对学校举办者和法定代表人履职责任立案调查；

（2）宣布校董已解聘校长职务；

（3）政府责令举办方重组校董；

（4）政府责令举办方落实校长负责制，修订章程并公布；

（5）督促举办方履行对教师承诺，稳定教师队伍；

（6）责令学校整顿作风，落实民主治校制度；

（7）责令学校尽快建立完善食堂食品安全监管机制，确保家长参与监管；

（8）选派专家开展教育教学视导，确保教育质量稳定。

新闻发布会分析：

（1）在回答记者询问时专家以第三方身份对专业问题予以解答具有非常客观、专业、真实、可信、无直接利益关系的效果，非常重要。但是，

---

① 塔西佗是古罗马时代的一位政客。无论政府说真话、说假话、做好事、做坏事，公众一概认为政府在说假话、做坏事。调查结论是公信缺失导致政府失去了公众的信任，被学界称为"塔西佗陷阱"。

这次会议虽然邀请了很多列席的医学界专家，但没有发挥作用。

（2）事故事件的新闻发布会最重要的是所发布的信息完整、准确、真实。这就需要有各利益相关方的代表出席，回应记者从不同角度提出的各类问题。这次新闻发布会缺少谁？

首先是缺少成都市纪检监察委主任。他可以就学校食品安全管理问题和事件调查过程两个方面对媒体表态，全程履行纪检监察职能，以建立组织公信力。

这次发布会还缺少以下相关方代表：

（1）成都高达投资发展有限公司法定代表人。回答记者有关民办学校投资、股权、管理问题。

（2）成都七中校董董事长。代表学校管理方表态，宣布任免决定和致歉。

（3）四川德羽后勤管理服务有限公司法定代表人。回答记者有关食堂管理和食品安全控制的具体问题。

（4）家长代表。表达维权意愿和具体诉求，回答记者相关问题。

也就是应该由政府组织一个"联合新闻发布会"的形式。从而营造了"两面理"的信息对称局面，减少被误导信息和恶意的谣言传播，把握好舆论引导的主导权。面对记者提出的问题该谁回答就由谁来回答，政府不要包揽一切，不要成为事故事件信息发布会的"受审者"。

面对事故事件的发生，政府的立场十分重要，特别是不应预设倾向性立场。政府的角色是事故调查、监督检查、依法执政。涉及事故过程和矛盾纠纷的具体问题应该由利益相关人各自面对记者采访和回应表述。与其学生家长在网络上传播，不如搭建起一个公平的信息发布平台让他们直面媒体讲话。把不可控关系转变为可控、可协调。把情绪化宣泄，转变为理性、负责的行为。让各利益相关方都建立起责任意识，从而实现风险分散、责任分担。

中央要求特别是遇有重大突发事件、重要社会关切等，主要负责人要带头接受媒体采访，表明立场态度，发出权威声音，当好"第一新闻发言人"。

这是一个非常重要的制度转变。从过去发生舆情后不敢说、不愿说、不屑说、不及时说，成为制度要求你必须去说。今后任何发生事故、事件引起公众关注、媒体聚焦时要注意按照中央新的要求努力做到以下几点：

时间要求：第一时间发声，把握好公共事件信息传播的"黄金4小时"，制度要求最迟24小时召开新闻发布会，半天内必须做出回应。

根据我过去的经验，一起公共事件的发生用不了半天，网络和媒体就会广为传播报道，所以公共事件信息传播的"黄金4小时"是关键的时间节点，一定要把握好。

谁来说话：根据谁主管谁负责原则、属地原则、分级原则。涉事责任部门是第一责任主体。涉事责任部门领导是第一新闻发言人。

过去发生公共事件往往属地分管行政部门和责任企业不允许擅自对媒体发布信息，而要求报告上一级领导部门决策，甚至面对重大事件发生，一级级地逐级请示，把宝贵的第一时间浪费掉。并且最终会由不在现场的上级部门对外发布信息，非常被动。新制度要求涉事责任部门的领导作为第一新闻发言人，一方面是把握舆论主导权，及时发声，另一方面也是对事件现场情况掌握更加及时、准确、丰富的信息，满足记者们采访的需求。

回应实效：形成发布、解读、回应相衔接的配套工作格局，加强信息含量。回应内容应围绕舆论关注的焦点、热点和关键问题，实事求是、言之有据、有的放矢，避免自说自话，力求表达准确、亲切、自然。

这条新制度相比过去做法有很大改变，最重要的是以科学的态度对媒体公布信息，做到有实质性内容，有细节描述，客观公正的立场和动之以情、晓之以理的表现。

自主空间：一改"没稿不发言"、"只讲官话套话"的习惯，宽容失误。

以往各地在公布重大公共事件信息时发言人习惯以做报告的形式照本宣科，有时通篇是官话、套话和永远正确的废话，内容空洞乏味。而且发言人坐在主席台上面对记者，即便是发生群死群伤重大事件也会面无表情，形式呆板，官僚气息浓厚。新制度要求一改文风，鼓励即席发言、脱稿发言、动之以情、晓之以理，并且宽容发言人的发言失误。

我感觉无论是政府还是企业领导人在面对群死群伤事件时应该更多融

入感情色彩，犹如自己的亲人遇到伤害，在媒体面前的感情流露，会使记者们产生认同感和更多的理解。激动、泪水、自责、"情绪失控"、勇于担当的表现都会被记者的镜头所记录和传播，最终会影响到社会公众的接受和谅解，有助于塑造良好的领导者形象。

硬性指标："各地区各部门要将政务舆情回应情况作为政务公开的重要内容纳入考核体系。"尤其是大型国有企业应加强这方面考核制度的完善。

领导干部的考核从此加入了新的内容，就是在舆情引导能力方面提出了较高的要求。因此公共关系活动中媒体沟通与舆情引导成为领导干部的一门必修课和新的工作技能。

中央近年来对事故、事件发生所建立的舆情引导新制度、新要求都是在很多重大公共事件的惨痛教训中总结和积累的宝贵经验，使得相关制度日臻成熟，管理更加完善。

五、新闻发布会组织策划

新闻发布会是在发生重大或具有影响的事件时，向新闻界发布信息的活动，借助媒体传播力达到组织或与之密切相关的信息迅速传播的目的。

由于对外发布的信息都是面向社会公开且不可逆转的，因此新闻发布活动的组织需要精心策划和缜密准备。而与之相关的一切工作都属于公共关系职责范畴。

近年我国曾经发生过的两起特别重大企业安全生产事故，一起是2014年发生在江苏省昆山市的企业爆炸事故。另一起是2015年发生在天津市滨海新区的企业火灾爆炸事故。两起事件性质、事故属性、社会影响雷同，都引起了国内外媒体高度关注和公众网络舆情热议。

首先简要回顾一下两起事故的背景情况。

2014年8月2日7：37位于江苏省昆山市昆山经济技术开发区的昆山中荣金属制品有限公司抛光二车间发生爆炸事故。事故造成146人死亡，91人受伤，直接经济损失3.51亿元。[①] 以下简称昆山"8·2"事件。

① 引自：百度百科数据。

2015 年 8 月 12 日 23：30 左右，位于天津市滨海新区天津港的瑞海公司危险品仓库发生火灾爆炸事故，本次事故中爆炸总能量约为 450 吨 TNT 爆炸当量。造成 165 人遇难（其中参与救援处置的公安现役消防人员 24 人、天津港消防人员 75 人、公安民警 11 人，事故企业（含周边企业员工和居民）55 人，8 人失踪（其中天津消防人员 5 人，周边企业员工、天津港消防人员家属 3 人），798 人受伤（重症伤员 58 人、轻伤员 740 人），304 幢建筑物、12 428 辆商品汽车、7 533 个集装箱受损，直接经济损失 68.66 亿元。^① 以下简称天津"8·12"事件。

两起事件在信息发布、社会反应、负面影响等方面也都有很多相同的特点。结合这两起典型案例就企业发生重大事故对外发布信息梳理出一些常见的问题，亟待总结经验教训，不断完善改进。

1. 常见的事故、事件新闻发布会十种缺失

（1）草率判断事故原因和性质。昆山"8·2"事件首次发布会时任市长对媒体发布中荣金属制品有限公司发生的生产车间爆炸事故是"铝粉尘爆炸"，这一宣布缺少调查依据，在没有调查结果的第一次新闻发布会上草率认定事故原因风险很大。

天津"8·12"事件首次新闻发布会答记者问，天津市环保局长"事故对环境不会产生影响"的回答显然缺乏依据，首次新闻发布会做出这样的回答具有明显的个人主观认识和草率判断的色彩。

事故发生后，发言人往往会根据碎片化的信息，现场的观察，个人的经验，主观的判断草率对外发布可能的事故原因，这是非常不专业的做法。他们会循着两种思路对事故作出性质判断，一是意外事故；二是责任事故。通常却忽略了第三种可能，那就是人为的破坏事故。在调查工作还没有展开，调查结果还没有形成的首次新闻发布会切记不要草率判断事故原因和性质。如果过早发布这类信息，一旦与随后的调查证据和结果情况相悖，就很难再去收回此前发布的信息，甚至由于错误地发布了信息导致舆论被误导，人们会产生误解，严重影响公信力。

（2）信息发布反应迟钝。天津"8·12"事件是午夜时分发生的事故，

---

① 引自：国务院事故调查报告和新闻发布。

不出半小时爆炸现场和周边地区的照片、视频、文字信息开始越来越多出现在网络上，瞬间打破了深夜的宁静。第二天凌晨已经有大量的中外记者陆续云集滨海新区采访，国外媒体的报道引起了世界的关注。尤其是京津冀毗邻地区的社会公众通过网络获得许许多多说法各异的信息，迫切希望听到官方的声音，然而这时中国的官方媒体一片寂静。迟至 13 日下午，离事故发生已经十几个小时之后，滨海新区政府才对中外媒体记者召开首次新闻发布会。

昆山"8·2"事件也是把新闻发布会时间一推再推，距事故发生八个多小时后才举行了短短 15 分钟的首场政府新闻发布会。

重大事件发生时官方迟迟不出声究其原因，无外乎就是谁来说话？怎么说？说什么？新闻发布稿怎么写？谁来写？写什么？由于平时没有授权，事故发生时必须要逐级层层请示上级等候上级的决策和指示，一来二去宝贵的时间就这样被流失掉了。

还有一些领导干部面对公共事件发生不敢从容面对，发生舆情后，一切都要听候上级指示。

两起事件发生后的深刻教训促使中央提出新的要求"对涉及本地区本部门的重要政务舆情、媒体关切、突发事件等热点问题，要按程序及时发布权威信息，讲清事实真相、政策措施以及处置结果等，认真回应关切。依法依规明确回应主体，落实责任，确保在应对重大突发事件及社会热点事件时不失声、不缺位。"[1] 并且规定"对涉及特别重大、重大突发事件的政务舆情，要快速反应、及时发声，最迟应在 24 小时内举行新闻发布会。对其他政务舆情应在 48 小时内予以回应，并根据工作进展情况，持续发布权威信息。"[2] 为此，各地政府根据当地具体情况又都制定了实施细则。从地方领导干部不敢说、不愿说、不屑说、不及时说，到制度要求你必须去说，这是非常重要的制度改变。

还有另一种情况就是领导干部认为官方对外发布事故情况信息一定要

---

[1] 引自：中共中央办公厅、国务院办公厅 2016 年 2 月 17 日发布的《关于全面推进政务公开工作的意见》。

[2] 引自：2016 年 8 月 12 日国务院办公厅发布的《关于在政务公开工作中进一步做好政务舆情回应的通知》。

准确、完整、全面，对外发布事故、事件信息要负责任。这是一种非常不现实的认识误区。任何事故、事件发生的第一时间信息都会是不对称的，决不能为了追求信息准确、完整、全面而忽略了时间的重要性。准确、完整、全面的信息采集只有当救援工作展开，调查工作才会随之展开，需要时间才能逐步获取。

面对突发事故、事件的信息发布原则应该是知道多少先说多少，不怕错，得到新的信息矫正上次发布的不准确的信息，用逐步获取越来越多的信息补充原来发布的不够详细、不够完整的内容，媒体和公众不会批评。反之重大事件发生迟迟听不到官方的声音，即便不是主观的故意，也会被媒体和公众误认为是有意封锁消息，故意掩盖或隐瞒事实真相，批评声和叫骂声会随之不绝于耳。在信息准确和时间的关系上，时间第一性是原则。

（3）信息准备欠缺，面对记者提问被动。在事故、事件信息发布的新闻发布会上通常是有两个重要的阶段，第一个阶段是信息发布，主要是由发言人向媒体记者介绍情况。第二个阶段是答记者问，这一阶段对新闻发言人来说是最具挑战性的过程。尤其是面对众多中外媒体记者的群访现场，每一位记者都想争取得到提问的机会，并且从各自媒体关切的角度随心所欲提出形形色色的问题。这对发言人来说是敏锐理解、快速反应、情绪控制、理性面对等多方面综合能力和素质的严峻考验。

然而我们看天津"8·12"事件首次发布会的几位在座的发言人，显然会前准备十分不足。在记者们一个个具体而又犀利的提问面前，不是答非所问，就是一问三不知，现场发生混乱。答记者问阶段仅仅进行了不到一分钟就中断了现场电视转播信号，致使全国人民所关注的重要新闻发布会现场实况转播被中断，造成极大的社会不良影响。

由此可见，这次重要的新闻发布会组织者和发言人都明显表现出准备不足。这里说的主要是两个方面的准备，一个是心理准备不足，另一个是信息准备不足。

（4）不给记者提问机会。再看看昆山"8·2"事件发生后前两次新闻发布会都各是15分钟，市长介绍完情况立即宣布散会，不给记者们留出提问的时间。

的确事故刚刚发生，发言人掌握的信息也不充足。而记者们会无所不问，与其一问三不知，不如不给记者留提问的时间，看起来也是个不错的办法。

可是如果我们熟悉记者们的职业特点后就会明白这样的做法会弄巧成拙，可能会把记者们推到了对立的立场上。一位职业媒体从业人员绝不会因为你不给他提问和采访的机会，他就会轻易地放弃自己的问题和思考。他们会到现场去，哪里人多就出现在哪里，哪里危险就有他们的身影，他们要千方百计寻觅更多的信息线索和问题的答案。在这里他们混杂在围观的群众之中，脸上不写字，身上不挂牌，根本分辨不出现场谁是记者，谁又是围观群众，加大管理难度，甚至会完全失控。

在这种情况下即便是来自现场围观群众各类杂言碎语或支离破碎的信息也会令记者们如获至宝，去采集、被快速传播。记者的印象、分析、判断、立场、观点、评论受误导信息因素影响很大，一经媒体报道则会贻害无穷。一时间受众被真的、假的、半真半假的、真假难辨的信息所迷惑，从而产生错误的印象和判断，致使负面舆情广为扩散，导致事态扩大。

看到被误导的舆情被媒体传播而产生的负面影响，有关部门再去召开新闻发布会加以澄清和说明，试图纠正错误的信息已经是为时过晚，毫无意义了。因为，大众传播学得出这样的规律，一旦被公众所接受了的信息并已形成的印象，后者想去改变或纠正基本上是徒劳的。因此我们要认识到新闻发布会上不给记者提问的机会是非专业的做法，这主要是由于缺乏自信心。

这里介绍几点经验，要学会争取舆论，首先要学会善待记者，尊重记者们的采访权，尽可能给他们提供充分的采访机会。

面对记者们的提问要有自信心，无外乎可能出现三种情况。其一，记者提出的问题，我了解。那我就回答他，满足记者的信息需求。其二，记着提的问题我也想到了，不过还没有可答复的内容或信息，就如实告诉他"您提的问题我也在关注，您也清楚事故刚刚发生，信息严重不足。随着调查工作的展开，一旦获取了这方面的信息我会第一时间发布。谢谢您！"其三，记者的问题出乎意料，我没有想到。"我非常感谢您所提出的问题，是您提醒了我要关注这方面信息的采集和发布。一旦有了这方面的消息我会立即告诉您好吗？非常感谢您的提醒！"知之为知之，不知为不知，是知也。相信在这样的场合，记者不会因此而胡搅蛮缠，反而觉得你是一个很好沟通且坦诚的发言人。

我的经验是与其别人说，不如自己说；与其被动说，不如主动说；与其外行说，不如内行说；主动驾驭信息传播的主导权，绝不放弃话语权。

（5）领导没有勇于担当责任的表现。无论是昆山"8·2"事件还是天津"8·12"事件，两起特别重大企业事故造成了特别重大的灾害损失和特别恶劣的社会影响。群死群伤的后果无不令人感到痛心，多少豆蔻年华的年轻生命陨落了，多少幸福的家庭从此破碎了！然而两次发布会当地负责人面对媒体的态度却如此淡漠，且缺乏勇于担当责任的表现。

历史上 2003 年春节前夕的"非典"疫情和 2008 年 9 月 8 日山西省襄汾县新塔矿业有限公司新塔矿区 980 平方米硐尾矿库发生特别重大溃坝事故，时任北京市市长和山西省省长的孟学农个人均主动担当了责任，两次主动引咎辞职的表现赢得国内外社会舆论普遍好评，很快平息了由此引起的社会批判舆情！

人们都很清楚，两起事件并非孟学农个人行为或职责所为，但是他的表现却体现出对特别重大事件发生后主要领导干部勇于对社会、对人民担当责任的精神，这是一位政治家的最基本素质的体现。在媒体面前也是经得起曝光的正面形象！

领导干部应该转变执政作风，不能事故发生后，面对媒体记者只强调对下级的严厉斥责和问责，而忽略了自身责任的检讨和主动担当。

（6）不能主动公布事件背景情况。重大事故发生后通过新闻发布会应该把相关背景情况主动向媒体介绍，成为信息发布的重要内容之一。然而，面对记者们有关涉事单位性质、资质核准、股权结构、股东情况、资本结构、管理者个人情况等提问时，往往得不到发言人的正面回答。

根据《中华人民共和国政府信息公开条例》规定，除条例第十四条、第十五条、第十六条规定的政府信息外，其他信息都应当公开。尤其是政府实施行政管理所掌握的企业非涉密信息一般都应公开。

无论出于什么原因，新闻发言人针对记者提出事故单位背景信息问题时不予正面回答都会被认为有意遮掩，而富有想象力的记者们也会做出种种的揣测和分析，最终使政府深陷舆论漩涡之中。

（7）不主动公布受控制人姓名和具体情况。重大事故发生，造成重大损失和伤害，往往警方会依法对涉事单位负责人采取强制措施。但是另一方面事故发生在企业，记者们会对许多涉及企业的生产、经营、资本、工人、设备、管理、安全、环境、制度、措施等细节提出很多问题，而这些问题往往是政府新闻发言人或领导人无从作答的，而且也不应该由政府回应这类问题。

与其控制涉事单位负责人，不如允许和安排他们有机会直面记者，回答本应该他们回答的问题效果会更好。企业意外事故的发生由于政府角色错位，加之不善于主动对媒体介绍受控制人的姓名和背景情况，会让人感觉政府在有意掩盖什么，转变成媒体对政府的质疑，使得事故责任关系发生改变。要把责任从法理角度区别开来，哪些责任是构成事故发生的法律行为责任，而哪些是导致事故发生的行政管理责任，二者有着本质的区别，不可混为一谈。

（8）不会善用和借助第三方声音。有些事故、事件的新闻发布会，新闻发言人往往不善于借助第三方出声。尤其是对事故的分析、破坏力、影响力等方面的话题即便发言人恪守真实、中立原则，也会被记者们认为自话自说，推卸责任。

如果能够邀请有话语权但是没有直接利益关系的专业人士出声，往往可信度会增强，从而达到客观、公正、负责、实事求是对社会披露信息的预期效果。

例如昆山"8·2"事件首次新闻发布会上如果能够有一位专家以非常专业的视角分析可能的爆炸原因，再用科普语言向记者们介绍铝粉尘物质特征，这种物质在怎样的浓度、密度、温度、环境、条件下会引发爆炸，而爆炸威力又会如何，其发布效果又会怎样呢？

一位现场采访的女记者就是在现场采访后立即向大学老师请教后想到最关键的引爆条件是遇到明火。而一个高度防火、防静电管制的生产车间明火从何而来？……

这些问题都不是一位政府新闻发言人和政府领导人在发布会现场能够立即回答的，因此善于借助第三方发声至关重要。

（9）官话套话文风严重。在重大事故发生后的一些新闻发布会上一些发言人和领导人习惯只讲官话、套话、原则的话，空洞乏味，缺少具体内容。这会让记者们感觉他们是在"做报告"，令人感到厌恶。

针对这种现象，中央要求"形成发布、解读、回应相衔接的配套工作格局，加强信息含量。回应内容应围绕舆论关注的焦点、热点和关键问题，实事求是、言之有据、有的放矢，避免自说自话，力求表达准确、亲切、自然。"①

（10）不善即席发言，照本宣科，形式呆板。在重大事故、事件新闻发布会上几乎所有的发言人或领导人都是没稿不发言，照本宣科，形式呆板。尤其是在群死群伤特别重大事故发生后，面无表情的发言人面对媒体记者宣读新闻发布稿尤为令人感到情感上的淡漠和不协调。

昆山"8·2"事件和天津"8·12"事件两起事件新闻发布会的第一个环节都是发言人坐在主席台上念新闻发布稿，给记者们留下非常冷漠的印象。

在这种情况下，新闻发言人和领导人发布事故信息要学会"腹稿发言"、"即席发言"。而且要怀着浓厚的感情色彩善用肢体语言表达情绪，站立在记者面前。首先是向遇难者表达哀悼之情，再就是对伤员和遇难者家属表达真诚关怀和慰问，动之以情，晓之以理，以情表意。要表现出如同是自己亲人遭遇不幸的那种心情面对在场的记者们，面对记者就是面对公众。要怀着深厚的感情发言，动之以情，晓之以理。这样会拉近与记者的距离，会建立融洽的沟通氛围，这些都为下面进行的答记者问环节做好环境氛围的铺垫，也展示了领导干部亲民的作风，减少对立情绪。

当然，在这种场合下之所以照本宣科的原因也是可以理解的，就是在对媒体宣布重大事故信息时怕说错话。中央在新的制度下也考虑到了这方面的因素，在这种特定情况下宽容失误，不追究责任。

沉默是最大的败笔。我们也常常看到一些领导干部在面对突发公共事件时，不能够勇于主动、及时对媒体发声，接受媒体采访，对社会公布信

---

① 引自：国务院办公厅 2016 年 11 月 10 日发布的《关于全面推进政务公开工作的意见》实施细则。

息，而是采取沉默的态度。

例如某市在傍晚时分突发公共设施坍塌损毁事故，造成现场无辜市民死亡。尽管事故刚刚发生，原因尚未查明定论，但是相关信息瞬间通过自媒体在网络上被迅速传播，引起当地市民关注和媒体聚焦。当地政府被媒体拉进"放大镜"聚焦，提出了种种质疑，随之引发公众的热评，虚拟社会空间又是一波喧哗。这一现象表明各地发生的大大小小的安全事故、公共事件都会聚焦政府的作为似乎已经成为社会常态。

今天我们处在两种社会形态环境中，一种是现实社会，另一种是虚拟社会。现实社会一个风吹草动，虚拟社会就会作出极为敏锐的反应。虚拟社会形成的强大社会舆情对现实社会则会产生直接的作用和影响。两种社会形态相辅相成、相互作用、相互影响。有时虚拟社会所形成的影响力和破坏力往往超过现实社会所发生的事故、事件所造成的损失。

尤其是社会公共事件的发生，人们关注度极高，当从自媒体上获得信息时最迫切的就是希望听到官方的声音。然而，有时各地、各级政府部门面对突发公共事件仍然表现欠佳，不能满足公众对信息的需求，从而招致批评。即便是一起非政府行为导致的偶发事故、事件也可能会被卷入舆论漩涡，转变成为社会事件、政治事件乃至国际事件。

从事故发生到当地政府官方微博次日凌晨首次发布信息已经时隔十余个小时。

"现场拉起封锁线阻止媒体拍摄""记者现场连线政府值班热线，对方表示不知详情，而宣传部门负责人电话持续无人接听。""对于政府部门而言，未能及时发声，某种程度来说失声就是失职。""天都垮下来了！""人命关天的大事官博'迟迟不语'有违'发布'二字，也不是官博该有的媒介素养。"一时间一些媒体人的不满、指责、批评声不绝于耳，尤其是发自中央主流媒体的批评更加会引起"羊群效应"从而把地方政府推上了舆论的"审判台"。

在公共事件发生时政府不能及时发声绝非此次事件的个例，为此2016年中央办公厅、国务院办公厅多次提出改进舆情引导工作，要求"加强突发事件、公共安全、重大疫情等信息发布，负责处置的地方和部门是信息发布第一责任人，要快速反应、及时发声，根据处置进展动态发布信息"。"特别是遇有重大突发事件、重要社会关切等，主要负责人要带头接受媒体采访，表明立场态度，发出权威声音，当好'第一新闻发言人'"。从不敢说、不愿说、不屑说、不及时说，变为制度要求必须去说。

事故发生后当地政府发声迟缓必有其客观原因，例如事故突然发生且是政府下班时间；现场事故信息不对称；发布信息的内容层层把关审批；重大事故信息发布的请示报告制度等。然而这些客观原因和理由或许都不能令媒体和公众所接受。阻碍重大公共事件信息发布的根本原因在于信息发布的责任担当和应急准备不足，对危机决策和常规决策的本质缺乏认识，导致制度上有所制约。平时授权不明确，紧急情况下就会不知所措，无所作为。

德国传播学者伊丽莎白·诺尔·诺依曼在"沉默的螺旋"理论中形象地表述了当事一方的沉默造成另一方意见的增势，如此循环往复，便形成一方的声音越来越强大，另一方越来越沉默下去的螺旋发展态势。

面对公共事件发生作为负有社会管理责任的政府如何做到不失声、不缺位则是检验其社会治理能力和提高社会公信力的重要指标。与其别人说，不如自己说；与其被动说，不如主动说；与其推迟说，不如马上说；与其外行说，不如内行说。要主动驾驭公共事件信息传播的主导权，先声夺人。

2. 发布会上怎么说

（1）知道多少说多少，滚动发布信息；

（2）时间第一性为原则，信息准确、完整次之；

（3）说真话、不掩饰、忌杜撰；

（4）加强微观信息采集和发布，丰富事件发布信息细节；

（5）一改没稿不发言，只讲官话套话的习惯，转变文风；

（6）客观发布信息，不推断、不预测、不假设定性、结果或结论，透明、细节、数据、言之有据；

（7）负责坦诚，勇于担当，不推卸责任，不打官腔、不说套话、不说满话、少讲专业术语；

（8）对伤亡事件的信息发布发言人要融入情感，动之以情，晓之以理，用心沟通。

　　总之，要把握正确的舆论导向，提高新闻舆论传播力、引导力、影响力、公信力，加强传播手段和话语方式创新。意外事故、事件的发生往往不以我们的主观意志为转移，而在于事件发生以后有没有快速反应的能力，有没有行之有效的紧急救援措施，有没有秉承社会认同的原则妥善善后，有没有以开放的心态把事故信息和我们所做的一切及时地、透明地、迅速地告诉给关注事故、事件的社会公众，尤其是及时告诉给遇险者的家人，这才是政府是否成熟的标志。

　　以上建议被有关部门及时转发给当地政府领导人，当地有关部门采取了积极、主动措施回应媒体和公众关注，有效地引导了舆情，没有形成进一步的负面舆情"发酵"。新华社中国经济信息社《政务智库报告》为此也及时采编和发表了以上专家评论。

　　以上案例揭示了一个原理，沉默会令社会公众认为你不光明磊落，导致公信缺失；沉默对权力者来说是缺乏自信心的懦弱表现；沉默会令少数的直接利益诉求人，变为多数的无直接利益公众的参与；沉默还会被内外别有用心的人所煽动、所利用，将原本的利益诉求向政治诉求引导，从而制造社会政治事件。同时运用公共关系学的沟通原理，经过努力有时负面舆情也是可逆的，真诚所致，金石为开。

　　今天的互联网时代，实际发生的重大公共事件不可能按照自己的主观意志为转移，认为我不说就不为人知非常幼稚。我不说别人要说，当舆论闹得沸沸扬扬时我被动地再去说已经为时过晚。

　　公共事件的信息传播如果仅有一种声音，即便是谬论也会被公众普遍接受和认同。如果出现两种或以上不同的声音，公众的认同状态则会被"稀释"，舆论将失去聚合力并产生分化效应，由此舆论影响力将会被分散。

　　尤其是面对人民内部矛盾的利益矛盾和诉求，各级领导干部应该秉承客观、理性、冷静的态度，对话比对抗好；温情比冷漠好；面对比回避好；沟通比对峙好；主动比被动好；早说比迟讲好；公开比掩饰好；负责比推卸好。

3. 怎样做好发布会准备

　　（1）记者接待：我们一再强调要善待记者，记者的采访接待工作也是一个十分重要的工作环节，不可忽视。如果对各地蜂拥而至的中外记者们，我们能够在他们登记和签到时就了解到他们遇到的困难而主动给予帮助，则会有效地改善与记者的关系。例如记者们最常见的困难是人生地不熟，语言障碍，交通工具，御寒防雨衣物不足等。这时我们能够及时帮助他们解决问题，换来的一定是记者对你的尊重和感激。食、宿、行、语言、计划、协调、医疗、防护（服装、雨具、棉衣）、证件以及服务联络员等周到的接待和安排，试想他（她）会怎样报道这次事件呢？也许他会选择一个更加客观、公正的角度发出报道；也许他会在危机事件中描述你的应对措施和有效控制灾害的能力；也许他会选择有利于你的角度对事情做出正面报道；至少他不会为了一己私利去故意中伤你、伤害你。这样的结果谁是最大的受益者呢？

相反，如果对媒体记者们的采访采取抵触、回避、漠视、拦阻、骚扰、限制等态度，处处给记者采访设置障碍，他们的感受很快会转变成立场的对立。即便我们做出很多艰苦的努力，克服着许多困难，甚至承担了极大的风险和责任，记者们也会以对立的立场选择报道角度，其报道内容可能完全充斥着负面信息和严厉批评，从而影响着社会公众。

（2）采访活动：新闻发言人在发布会举行前不能只在会议室内听取有关部门和人员对事故、事件情况的介绍，也不能仅仅阅读有关资料，这样的准备非常肤浅不足。我建议新闻发言人一定要亲自到事发现场感受实际情景，接触事件的相关人（伤员、救援人员、家属、目击证人等）。还要随身携带音像设备随时采集录音、录像、照片等资料。同时还要时刻收集动态信息、关注每一个环节中的情节和细节。发布会开始前还要时刻掌握最新的网络舆情动态，了解舆论新的焦点和所热议的话题。这些工作都要由发言人自己去做，不要让其他工作人员替代。

（3）撰写新闻发布稿：而新闻发布稿的撰写则可以由其他工作人员完成。事故、事件的新闻发布稿写作有特别的要求，内容要精炼、概念要清晰、逻辑要周延、限定外延、就事论事、慎作结论、一题一稿、滚动发布。

如果有条件还可以发动其他工作人员就即将举行的发布会模拟记者身份就可能提出的问题"砸题"。实践证明这是很有效的经验，大部分记者关心的问题似乎都能够预先估计到，从而使新闻发言人做好较为充分的准备。至于少量的意外"偏题"则考验发言人现场的智慧和能力，但压力已经减轻了许多。

（4）准备背景资料：主动向记者提供图片、音像、数据、文字等背景资料。遇有异地记者和境外记者采访，往往他们从未来过此地，更不了解当地或事发机构的情况。主动向他们提供背景资料有助于他们的采访和发稿，成为事故、事件报道的补充信息。这也是记者们最希望得到的，从而有益于改善彼此关系。

（5）寻觅舆论领袖：寻找与事件相关的人、与事件不相关但有话语权的人。面对记者的提问，有些问题的回答不一定是新闻发言人的身份最佳，而是那些与事件相关的人或者虽然不是相关人，但是有话语权的人发声会得到更佳的效果。

例如一个政府规划和批准的工业项目在施工中遇到附近居民们的反对，政府和企业试图打消居民们的顾虑真实、客观地介绍了项目的安全性。尽管对群众担心的环保、安全、扰民问题做出保证和承诺也未必能够取得群众的信任。因为企业是项目实施的主体人，政府是项目的规划或审批人，都与项目有着密切的利益或责任关系。这时如果能够请到一位德高望重的专业人士出面讲话，以科学的态度，第三方的独立立场，对项目做出客观的无害和安全评价，其公众的可信度会高得多，有助于打消群众的担心和误会，有效地化解矛盾和纠纷。

（6）有序开放现场：记者最感兴趣的就是事故现场，在能够确保安全和不影响调查取证的前提下与其封锁现场不如向记者开放现场，满足他们的现场采访要求。让记者有机会自己去现场寻找答案。这样做有益于取得公开、公正、透明、不掩饰的效果。

（7）把握发布会时差：在重大事故、事件的信息发布工作中千万不要忽略东西方的时差影响。一些部门为了做到及时发布信息，常常会在午夜时分召开新闻发布会，此时正是中国媒体的"休眠期"，却是西方媒体的"活跃期"。当中国媒体进入"活跃期"时才发现昨天午夜发布的信息已经被西方媒体的分析、评论所主导，导致中国主流媒体丧失了重大事件引导舆论的主导权。这是常常被忽略的一个十分重要的环节，也是重大公共事件信息发布的策略缺失。

4. 事故、事件新闻发布会组织

事故、事件新闻发布稿的内容基本是五个要点：

（1）事件情况通报；

（2）各级领导做出的指示和决策、部署；

（3）当前救援及现场处置情况；

（4）社会公众反应和社会动员；

（5）后续工作安排。

发布会前的信息准备基本按照新闻六要素的原则进行。新闻发布内容的六个要素（5W＋1H）：

谁？（Who?）

什么时间？（When?）

在哪里？（Where?）

发生了什么事情？（What?）

为什么？（Why?）

后果如何？（How?）

领导人在新闻发布会上对事故、事件的表态要点：

第一是要找好关注点。注意自己的关注点一定要与媒体和公众的关注点保持一致，特别是对事件中的人和事情的关注。

第二是代表组织申明态度和立场。注意从维护公众利益的角度去阐述。

第三是提出此后的行动计划。后续工作的具体措施和相关安排。

公共事件信息发布五个原则：

迅速——时间第一性为原则；

真实——讲真话、不掩饰、忌杜撰；

客观——透明、细节、数据、言之有据；

公正——负责、担当、坦诚、忌推卸；

简洁——通俗、形象、说事、忌套话。

5. 新闻发布直接传播法

在有众多记者采访的大型新闻发布会上，经常会有记者为不能得到提问机会而懊恼，甚至产生不满情绪。为了避免由此产生的不必要抵触情绪，要创造条件给记者更多提问的机会。

这里介绍一种方法几乎可以满足每一位记者的提问愿望。首先记者们在签到时就可以用智能手机扫描为这次发布会而特别设置的二维码，不必等到发布会开始即可随时提出采访问题。即便发布会结束后记者没有得到现场提问的机会，仍然可以通过这个途径继续就感兴趣的问题提问。

此时，网络后台有四个工作小组开始工作。第一小组负责实时采集记者所提出的问题，登记、分类、编号。整理好后的记者问题立即转给第二工作小组进行信息处理，其中包括与相关部门沟通，检索核实信息，与相关部门进行信息会商。处理后的信息素材转给第三工作小组进行撰稿，一问一答，简明扼要。随后发布稿提交第四工作小组，由新闻把关人对稿件做最后审核后签发。以网络虚拟发言人的形式一对一地回应提问记者或在网络平台上对记者们公开发布，如图3-3所示。

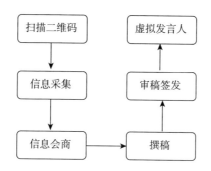

图 3-3　新闻发布直接传播法

这种方法有以下几个优点：

（1）迅速——便于实现滚动发布信息，尤其适合重大灾情、紧急疏散、临时管制、志愿者征召和群死群伤事件的动态信息发布。

（2）主动——记者与发布方是单独联系，能有效排除其他媒体的参与、介入或干扰，减小"羊群效应"。

（3）有序——利于有序采访。在这个采访过程中可以方便地识别媒体记者身份，增强个性化沟通，且不受其他记者干扰。对重要媒体记者还可以特别安排面对面的专访活动。

（4）直接——纯净的信息传播环境。通过这个平台发布的信息比现场答记者问会更加准确、内容更加丰富，且不易被记者曲解或断章取义。

（5）双向——既发布又回应。这是一个十分便捷的动态采访途径，不仅不受新闻发布会现场的限制，而且随时提问，及时回答，一问一答，双向沟通。

6. 事故、事件新闻发布的政策依据和指导原则

根据中央要求对涉及本地区本部门的重要政务舆情、媒体关切、突发事件等热点问题，要按程序及时发布权威信息，讲清事实真相、政策措施以及处置结果等，认真回应关切。依法依规明确回应主体，落实责任，确保在应对重大突发事件及社会热点事件时不失声、不缺位。①

涉及地方的政务舆情，按照属地管理、分级负责、谁主管谁负责的原则进行回应，涉事责任部门是第一责任主体。

对政府及其部门重大政策措施存在误解误读的、涉及公众切身利益且产生较大影响的、涉及民生领域严重冲击社会道德底线的、涉及突发事件处置和自然灾害应对的、上级政府要求下级政府主动回应的政务舆情等，各地区各部门需重点回应。

对涉及特别重大、重大突发事件的政务舆情，要快速反应、及时发声，最迟应在24小时内举行新闻发布会。对其他政务舆情应在48小时内予以回应，并根据工作进展情况，持续发布权威信息。

通过召开新闻发布会或吹风会进行回应的，相关部门负责人或新闻发言人应当出席。对出面回应的政府工作人员，要给予一定的自主空间，宽容失误。②

强化政策解读各地区各部门要按照"谁起草、谁解读"的原则，做好政策解读工作。

有关职能部门主要负责人是"第一解读人和责任人"，要敢于担当，通过发表讲话、撰写文章、接受访谈、参加发布会等多种方式，带头解读

---

① 引自：中共中央办公厅国务院办公厅2016年2月17日发布的《关于全面推进政务公开工作的意见》。

② 引自：国务院办公厅2016年8月12日发布的《关于在政务公开工作中进一步做好政务舆情回应的通知》。

政策，传递权威信息。

对一些专业性较强的政策，进行形象化、通俗化解读，多举实例，多讲故事。[①]

以上这些内容都是近年来在诸多公共事件的信息发布工作中汲取的深刻教训和总结的宝贵经验，促使国家制度不断完善。各级领导干部和公共关系工作人员一定要及时掌握政策、制度的变化，与时俱进，使信息发布工作日臻完善和成熟。

六、媒体沟通的行为艺术

我们要认识到，公共事件的信息传播如果仅有一种声音，即便是谬论也会被公众普遍接受和认同。如果出现两种或以上不同的声音，公众的认同状态则会被"稀释"，舆论将失去聚合力并产生分化效应，由此舆论影响力会被分散。

面对事故、事件发生正确的做法是勇于接受现实，积极作出回应；勇于承认错误，主动承担责任；善于提出问题，减少问题掩盖；建立互动沟通，增进彼此认同。

2019年愈演愈烈的中美两国贸易摩擦搅动了世界经济的格局，引起全球经济的动荡不安。此时，美国媒体人也在试图向中国的媒体人发出挑战。美国福克斯电视台主播向中国国际电视台主播下"战帖"，提出在其节目中面对面公开辩论中美贸易纠纷问题，一时间在世界传媒界引起高度的关注，毕竟这是前所未有的举动，都在看中国媒体人是否能够勇敢迎战。

令人钦佩的是年轻的中国媒体人不甘示弱，接受了挑战，如约出现在福克斯电视的镜头前，面向世界观众，赢得了观众的人气！

案例分析：中美电视主播辩论

日期：2019年5月30日8：30（北京时间）历时16分钟

人物：美国福克斯商业频道（Fox Business Network）主播翠西·里

---

① 引自：国务院办公厅2016年11月10日发布的《关于全面推进政务公开工作的意见》实施细则。

根（Trish Regan）；

中央广播电视总台中国国际电视台（CGTN）主播刘欣

论题：知识产权和技术转让；中国何时放弃发展中国家地位；中美完全取消既有关税；如何定义国家资本主义。

翠西：我的嘉宾是中国共产党的一员。

刘欣：我不是中共党员，我不为中共说话。我是以 CGTN 记者身份发言。

（试答："非常遗憾，我没有这样的身份！不过我要请您知道在中国成为共产党员可不是一件很容易的事情，只有少数人能够如愿以偿。而且与您一样，今天我是以同行的身份与您交流。"）

翠西：有证据显示中国向美国盗取了巨额价值的知识产权，美国企业要如何在中国运作？

刘欣：不否认中国目前存在盗取知识产权甚至是商业机密盗窃的案例，这确实是需要解决的问题。上述行为在世界各地都是普遍行为，美国企业也常就侵犯知识产权问题互相起诉，不能说有这些案例发生就意味着美国或中国正在进行盗窃。

（试答："我对您提出的具体案例并不清楚，不过我知道这是一个世界性的话题，而非个别国家。况且企业或个人行为与国家行为是有本质区别的。"）

（反问："我知道您曾经是哥伦比亚大学历史系的高才生，能不能给观众介绍一下美国工业化发展历史中与欧洲国家在知识产权纠纷方面的情况？"）

我们在接受记者的采访提问过程中，常常也要面对一些比较敏感的问题，例如涉密信息问题、未经批准公布的信息问题、涉及法律限制的信息、与自己身份不符的问题、令人感到尴尬的问题等。我们切忌简单使用"无可奉告"、"不知道""不了解"、"不清楚"、"绝对没有"、"不便回答"等语言简单回应，这会令记者感到不悦而增加对立情绪。这就需要采取不卑不亢，委婉含蓄的态度，用智慧的语言与其沟通。以下方法常常在实践中证明有效，不妨参考借鉴。

1. 勇于回答敏感问题

搭桥法（有效搭桥的典型例句）：

"我们不赞成……但同时，需要指出的是……"

"不是……"（回答问题），"请允许我来解释一下……"

"我不知道……我所知道的是……"

"我不会对此妄加猜测……您应当关注的是……"

警惕提问陷阱：

在新闻发布会或接受媒体采访中，发言人或受访者一定要警惕记者提问中的陷阱。一位"老谋深算"的职业记者往往会在采访中提出一些误导性的问题，这可能是出于考验受访人的智慧并无恶意，也可能是故意而为精心设计的陷阱。无论出于何种动机，受访人永远记住在记者面前说话要留有余地，不可有问必答，口无遮掩，随心所欲。对记者既要敬畏，也要警惕和提防。

例如，重大公共卫生事件发生后，人们在恐慌之中难免会对政府的行为提出许许多多的问题、质疑、批评甚至怨言，作为政府主要领导人应该以包容之心面对，认真倾听，过滤掉毫无意义的情绪化恶语，提炼出有价值的箴言，有则改之无则加勉。

就在公众面对疫情情绪躁动，并与政府关系紧张的疫情传播期，一家中央媒体专访了一位市长。记者问市长给自己的工作打多少分？市长随口回答为自己打了 80 分。随着媒体的报道传播，这句话惹来很多媒体受众在网络上的声讨和斥责声，令这位市长的公众形象严重受损！

我们客观分析，在公共卫生事件发生时，面对市民健康受到威胁而感到恐慌，城市正常秩序被破坏的情景下，作为市长压力极大！出于职责所在，他可能正在竭尽全力地领导抗疫工作，也可能付出了许多不为人知的心血和努力，自我感觉已经尽职尽责，因此凭良心为自己打出了一个较高的成绩分。

这位市长的自我评价却不被广大群众所接受，究其原因失误在哪里呢？我们来做一个分析。首先这位市长的失误并非是在"分值"上，即便他为自己打出一个不及格的分难道就不会遭到舆论的鞭笞吗？关键在于这位市长回答了一个本不该回答的问题。

面对这样的问题市长可以巧妙地转换话题，例如他对记者答道"面对疫情的发生，作为一市之长我面对严峻的考验，我是考生，群众是考官。我的工作应由群众评价，成绩也应该由市民们打分！"试想如果是这样的回答，会是怎样的效果呢？

这位市长的教训为我们积累了宝贵的经验，作为一位党政领导人或企业负责人在遇到事故、事件发生时，记者在采访中如果提出"打分"的问题，一定要以"迂回思考法"审慎回答。哪有仆人面对主人，服务员面对顾客自我打分的道理呢？正确摆好自己的位置，从容面对记者的提问。这是一种公共关系意识和能力的展现，更是政治成熟的表现。

2. 善于向记者提出问题

设问法（向记者提问题的典型例句）：

"听口音您不是本地人，您对本地的历史了解多少？"

"您对这件事情怎样看？您的读者会认同这样的观点吗？"

"您对您的媒体受众了解吗？他们都是那些社会成分？"

"您最感兴趣的问题是什么？为什么？"

"您很能干，是否需要我向您介绍一些历史的情况？"

"请告诉我您的读者会怎样看待这样的问题？您对这个问题又是怎样思考的？"

"您对处理这样的事件有什么好的建议吗？"

"您打算怎样向读者描述这一事件呢？是否考虑到您的媒体所要承担的社会责任风险？"

智慧型的新闻发言人不仅要知道该怎样回答记者问题，更要善于向记者提出问题。善于向记者提出问题是出于信息对称的考虑；是有效沟通的交流；是善于倾听的意识；是增进彼此了解的契机；是换位思考的启迪；是润滑彼此关系的策略；是后果责任的暗示；是彼此尊重的表现。

3. 如何处理错误的媒体报道

（1）如果错误不足以引起公众的注意力或只是个很快会被忘记的微弱反应，那么就什么也都不做，很快就会过去。

（2）当媒体的错误足以引起纠纷或者形成不利的舆情，则应当以职业化的、非对抗的方式告诉记者和编辑，希望在写下一篇该专题报道时进行纠正和更改。

（3）如果记者和编辑不肯进行更改，那么可以考虑投诉到这家媒体的主管、主办单位，要求改正并致歉。但要有真凭实据，不要在内容中掺杂强烈的个人感情因素。

（4）如果媒体拒绝更正，刊登或申明致歉，下一步的做法是向媒体行业的行政管理部门投诉。

（5）如果无法协商解决，投诉无效，必要时也可以考虑召开媒体发布会，通过其他媒体申明立场，做出澄清。实践证明这个方法十分有效，不过要慎用。

（6）如果以上措施都得不到有效的实施，唯一的做法就是付诸法律。但是这样的方法可能会是久拖不决，不保护彼此隐私，结果难以预料。

4. 正确对待媒体记者

作为公共关系工作人员一定要切记学会争取舆论，要想有效的争取舆论必须注意善待记者，特别是尊重记者合法权益。保障记者现场采访便利，坦率介绍情况。

另一方面，新闻发言人也要注意信息发布权限和遵守组织纪律，绝不可以越权回答记者提出的问题。要善于在记者的提问中过滤出自己无权回答的内容，并坦率告诉对方"非常抱歉！您富有想象力的问题超出了我的授权，请您向其他相关部门询问"。

许多媒体往往希望获取独家新闻或者提出深入的话题需要得到回应，会向采访对象提出专访的请求。依据国际媒体行业的惯例媒体记者应该向被采访对象提前约访，而非推门就进。这种行为显然是一种有违媒体行规的冒失行为，也是对采访对象的不尊重。当媒体记者向采访对象提出约访请求时，同时还应该提交一份采访提纲。让被采访人明了采访内容、话题、问题、目的等。被采访人有权决定接受或者拒绝采访，有权全部回答采访提纲中所提出的问题，也有权选择部分话题接受采访，更有权利完全拒绝采访。采访结束后除非紧急情况下一般应该将发布的稿件或音、视频给采访对象看一看，一方面避免内容有误，另一方面也是对采访对象的尊重和感谢。

对未经批准采访的境外记者不要生硬阻拦，而是婉拒，避免引发纠纷。如果怀疑境外采访人员可能与入境申请理由不符，对采访身份或行为合法性产生怀疑，应及时向相关行政管理部门报告情况。

对各路媒体记者一视同仁，切勿厚此薄彼。如果在发布会现场你表现出对记者区别化的态度会令一些记者感觉"不爽"，也会惹来一些不必要的麻烦。当一些名不见经传的小媒体、年轻记者看到你对中央媒体、境外有影响力的媒体或者知名媒体人过度热情，他们会产生失落和被漠视的感觉，可能会通过诋毁你形象的手法发出报道，以宣泄不满！为什么会这样呢？这是因为媒体从业人员有着一个共同的职业性格，就是希望采访对象能够尊重他。记者的职业自尊心非常强，无论是资深记者还是刚刚出道的年轻记者都是如此。我们切忌不要无意中伤害记者们的职业自尊心。

新闻发言人是媒体记者的朋友，记者是新闻发言人的事业奠基人，也是博弈者。但是要注意新闻发言人与媒体记者要谨慎建立密切的私人关系，时刻警惕"友情陷阱"。

对于事故、事件信息发布内部讨论无禁区，对外发布有纪律。应该多去熟悉各类媒体的运作程序、业务知识、组织结构，善于新闻策划。

5. 媒体沟通禁忌

这是一个既敏感又无法回避的重要话题。在与媒体交往的过程中除了法律和制度意义的违法违纪行为切不可触碰外，还要格外小心无意识的行为过失。

在事故、事件信息发布过程中对原因、性质、后果等问题不推断、不预测、不假设定性、结果或结论。

在回答记者提问过程中不打官腔、不说套话、不说满话、少讲专业术语。特别是注意在回答一些记者带有挑逗或挑战性的问题时千万注意谨慎使用强烈的词语情绪化的"猛句"，例如：丧心病狂、混淆视听、背道而驰……这种怒怼记者或指责他人的态度听起来十分犀利、强硬、霸气、爽快，殊不知提问记者会在现场感到十分尴尬，受众也会感到发言人大有"泼妇骂街"的味道。因为记者和受众希望听到的是对问题内容的回应，而非滥用成语的情绪宣泄，况且这些气势如虹的成语会让不少外国记者听得一头雾水。公众人物面对媒体是一种典型的公共关系活动，目的是树立形象，表明立场，化解矛盾等。它讲究既要使自己摆脱不利，又不能伤害对方。如果咄咄逼人的表现令对方感到尴尬，就是沟通的失败，其结果往往会造成关系更加强烈的对立，并且引来许多起哄、看热闹的围观者使自身形象受损。

2019 年 6 月 30 日在日本大阪市举行的"G20 峰会"上，有一位记者向与会来宾伊万卡问道："对于美国与中国的贸易战你有什么看法？"她非常轻松地回答道："哦！我真想有人能治治川普，我也不喜欢他的坏脾气，尽管他从来也没有被制服过。这下好了，终于有人尝试跟他斗争，我希望最后的赢家是中国！"

伊万卡的回答堪称经典！众所周知，伊万卡是美国现任总统之女，也是著名的公众人物，她面对记者提问完全可以本能地站在美国或者父亲的立场对中美贸易关系做一番慷慨陈词的评论，但是此时她却用一句幽默且耐人寻味的话巧妙地回复了这位记者，表现出她在公共场合下言谈举止的谨慎和智慧。

尤其是在公共场合不攻击或责难记者、不讽刺挖苦记者，特别注意避免与记者纠缠、不引发新话题。新闻发言人不要变成新闻事件的当事人。高水平的答记者问需要有理有据，有礼有节，善用幽默，不卑不亢，逻辑周延，严谨求实。

6. 非语言的信息畸变

人的特质差异决定了非语言沟通所传递的信息在不同人的思维反应中可能会产生"信息畸变"，这也是非语言沟通普遍存在的不一致反应。

1992 年公安部发起每年 11 月 9 日为全国"消防宣传日"，全国在这一天将开展内容广泛、形式多样的消防安全宣传活动，以提高全民消防安全意识，推动消防工作社会化的进程。

2019 年 11 月 9 日是我国第 27 次"消防宣传日"。某省一位领导在"119 消防宣传月"启动仪式上口误，将"119"说成"911"，引发网络舆论哗然。一时间嘲讽、曲解、批评声不绝于耳。然而却听不到理性、客观、包容的言论，舆论批评的本意已经完全不是口误的本身，发生了语义内涵的信息畸变。类似公共场合领导人、专家、学者在发言中读错字、发错音、错用成语屡有发生。似乎公众绝不容许发言者出现这样一丝一毫的失误，一时间讨伐声音四起，最终无不都是偏离口误的本身而另有所指。

在大型公共活动中主要领导人主持仪式出现这样的口误明显是一次失误，虽然在所难免，却会引起发言者与公众关系的紧张。面对因此引发的公众热议和舆情，领导大可不必懊恼，而应主动回应。假如这位领导能够第一时间在网络上发出声音，试想结果会是怎样呢？

"朋友们，在今天的活动仪式上由于我的口误造成不良影响谨向大家致歉！借此机会我也想与朋友们做个交流，我是分管公共安全的干部，肩负着全省的安全保障重任。今天我确实感觉脑子有些乱，每天不仅仅是时刻防范'119'，更是要警惕'911'。虽然我们过去不曾经历过'911'，但是不意味着未来不发生，'911'比'119'更可怕。我要确保全省社会和公众的安宁，深知自己责任重大，一刻也不敢掉以轻心，希望能够得到大家的理解和支持，谢谢大家！"

一些新闻发言人或领导人在记者面前的一举手一投足都会被细心的记者们所观察，所评论。在一些公共场合下发言口误、错别字、错用成语典故、不恰当的比喻甚至浓重的方言都可能会引起舆论哗然，这是因为公众对面前的演讲者往往会以"鉴赏"的心态评头论足，有时甚至近乎吹毛求疵。一句口误都会让听众的关注点偏离了演讲者的讲话内容、本意和重要性，从而产生信息畸变。

在近期发生重大公共卫生事件的一次新闻发布会上，全场记者和工作人员都面戴口罩，主席台上坐着三位领导作为发言人。其中一人不戴口罩，一人戴反了口罩，一人戴口罩露出鼻子。这一场景被嗅觉敏锐的记者拍下照片在媒体上曝光，随之一片点评声。这是新闻发布会组织机构的一次公关失误，他们忽略了细节的安排和策划，影响了组织形象。

这一教训提醒了我们，演讲者在公共场合下的一些习惯性的动作、表情、眼神、手势、服装、发型、佩饰、化妆等都可能成为记者眼中的"新闻"。因此发言者要知道自己的肢体表达所传递出的信息会因人而异的敏感，公关工作人员千万不能有意的视而不见。有时无意或善意的表情也会产生截然相反的效果，被记者传播出误导的信息。一些"老谋深算"的记者也会以非语言沟通的方式做出引诱，构成新闻发言人或领导人上当受骗的陷阱。

本章小结：

通过这一章的学习，让我们认识到媒体价值与影响力无限。互联网时代公众间会对事件的知晓、判断、评价而产生共鸣，"防民之口，甚于防川"的认识和做法危害极大。因此我们要把舆情"防控"转为善于沟通，先声夺人、启动简捷程序，先入为主、把握好舆论主导权。

这一章也让大家认识到信息管理和媒体沟通工作是公共关系工作的重要组成部分，要视"危机"为良机，增强驾驭能力。特别是各类社会组织都要建立和完善新闻发言人制度。

这一章也分析了正确处理好公众知情权、新闻实效、新闻披露之间的关系，把握好话语权。要建立起全新的观念，把媒体和新闻人看成是伴随组织发展不可或缺的重要资源，学会用媒体，一改"防火、防盗、防记者"与其应对的对立心态。

第四章

商 务 公 关

一、认识礼仪

员工素质是组织竞争力的核心之一，组织的社会形象取决于员工的素质。

礼仪是建立组织良好社会关系的根基，礼仪是展现组织诚实守信的表象，礼仪是组织形象的载体，礼仪是公共关系的重要内涵。做人先学礼，做事先懂礼。礼尚往来，无往而不胜。

职场公共关系的礼仪包括：

仪表礼仪——发型、化妆、神态、注意力、表情；

服饰礼仪——服装、饰品；

交谈礼仪——非正式场合交谈、正式场合会谈、站姿坐姿体态；

沟通礼仪——直接沟通、间接沟通；

握手礼仪——顺序、姿态、主动、热情、感染力；

举止礼仪——肢体形象；

宴客礼仪——宴会、便餐、家宴、公宴、中式餐、西式餐、座席；

交际礼仪——考察、晚会、生日、乔迁、探视、运动、游览；

文化礼仪——语言、民族、宗教、习俗；

电话礼仪——问候、聆听、语气、语速、感谢、道歉、结束语；

公文礼仪——尊敬、称谓、提示、结束语、签名；

接待礼仪——习惯、民族、健康、亲友、关系、兴趣、年龄、性别、人数、住宿、饮食、座位、交通、地图、信息、计划；

外事礼仪——国籍、语言、宗教、身份、洁癖、饮食、禁忌；

客户礼仪——大、小、身份、职位、学位、专业、嗜好、年龄；

官场礼仪——身份、职务、部门、性别、年龄、学历、专业、爱好；

礼品礼仪——纪念品、礼品的内涵、意义、价值、观赏、实用、法律。

一些人士缺乏社交场合的礼仪知识和素养，在着装、举止、表达、茶叙、用餐等交际活动中往往会笑话百出，这样的行为往往会让人们感到缺少文明教养。

有关礼仪这方面的专业书籍和培训课程非常多，也都做了非常详尽和精彩的描述，在这里就不一一赘述了。

二、礼宾公关

礼宾公关是展现组织公共形象的重要载体，是组织文化素质的对外表现，是关乎社会各界对组织印象、判断的具体感受。

1. 来访接待

来访接待工作是公共关系职能部门的一项常态工作，其工作质量直接关系到客人对组织的印象和信心。公关接待工作的要求是让客人感到友善、礼貌、被尊敬、周到、细致、有宾至如归的良好感觉。也是组织的"窗口"工作。客人往往对第一感觉的印象是最深刻的，会直接影响到实质业务的效果。

在较具规模的组织应该把公关接待工作做出流程规范，把不同类型的来访者做出细分和做成"菜单"式的内容、程序、预算、规格、接待阵容等。

组织公关最常接待的有各级领导人、VIP 客人、供应商、股东、合作者、同业者、政府人员、记者、NGO/NPO（非政府/非营利性组织）、社区组织等不同身份的来访者。

在这项工作中首先要了解的信息要素包括：来访者身份、人数、目的、时间。如果是多人来访，需要确认来访方的联系人和联系方式，详细了解来访目的和接待要求等。

随后针对不同身份和来访目的的客人做出不同规格和不同礼仪的接待，例如安排会见客人的接待部门和人选，会见室安排，翻译，多媒体设备，饮料茶点，就餐规格和招待，接送车辆，参观路线，资料，纪念品，产品样品，时间计划，工作服安全帽，车间生产介绍等准备工作。

在接待过程中，公关人员遇到需要协调的事情仅对来访方的随行联系人，注意不要直接去打扰其他来访客人。

2. 出访安排

组织的领导人或重要人员出访安排也是公共关系部门日常工作的职责，其保障能力关系到出访人员的工作顺利和健康安全。

当组织领导人或重要人员做出出访决定后，就要由公共关系部门做出访计划和预算，提交主管领导审批。

首先公共关系部门在制订计划前要准确了解关键信息，其中包括出访地、访问对象、访问目的、需要安排的日期、希望安排的访问内容、出访人数，出访人员的职务、民族、饮食习惯、健康情况、家庭亲属联系方式、紧急联系方式，访问地的气候、语种、货币币种、汇率、时差甚至必要的保险需求等。

根据这些信息编制初步计划，经批准后据此联络出访接待方，协商接待计划。一经双方确定既完成了访问计划的制订工作，接下来就是为出访人员做随行服装、礼品、保险、机票（车船）、零用金、签证、证件、食宿、交通、翻译、中国驻外国领事馆联系方式等旅行准备工作。必要时还要邀请专业人员对出访人员做访问地的国家的历史、民族、宗教、习俗、制度、法律、海关、管制、礼仪、风险防范等方面知识的培训。

以上工作都是公共关系部门礼宾工作的职责，力求专业、规范并形成制度，以利于精细化管理和考核。

三、商务谈判

谈判是组织的一项十分重要的工作，无论组织规模大小，类型如何，都需要与社会各种利益关系人交往、交易、合作，常常会以谈判的形式进行沟通，达成利益平衡，实现组织目标。谈判是公共关系的重要范畴，是现代组织管理的重要手段。

首先让我们来认识谈判。"谈判就是让他人为了他们自己的原因，按照你的方法行事的艺术。"这是意大利外交家丹尼·韦尔（Mr. Daniele

Vare）的一句名言。用华语思维可以理解为谈判就是为了达到自己的目的而让他人愿意与你达成交易。既然是交易，就一定有利可图，利就是双方各自的利益所在。

所谓的商务公关谈判也叫双赢式谈判。谈判就是妥协的艺术，就是以小的代价换取大的利益的交换。谈判是解决矛盾冲突的理性选择。要视谈判对方为共同问题的解决者，既不是敌人，也不是朋友。

首先让我们认识一下谈判内容中的立场、观点、利益之间的关系。立场是认识和处理问题时所处的地位和所持有的态度。观点是从某一个角度或者立场对事物的看法，而利益是自身所需要或者得到的好处。利益才是谈判的实在内容和根本动力。任何谈判双方都是始终处于既对立又统一的矛盾之中。对立是无条件的、绝对的、必然的；统一是有条件的、暂时的、相对的。这就是谈判双方之间的对立统一规律。所以谈判的重点是为了维护或者获得利益，而并非是仅仅表明立场和观点。

为立场而争的谈判容易陷入僵局。为立场而争的谈判会成为意志力的角逐。为立场而争的谈判是一场非合作的"零和博弈"，为立场而争的谈判所涉及的人越多就越难协调一致。为立场而争的谈判需要付出的代价最大，对双方关系伤害最大。

以辩证的观点看，虽然立场的背后往往也是利益角逐，但是立场具体而且明确，利益抽象且混沌。追求利益最大化是人性的本能，而金钱并不一定就是唯一的利益。

在商务谈判中向对方提出利益要求时，要充分比较能够影响双方利益关系的因素。共同利益是隐形的，但可能是机会。多强调和寻找共同利益，会使得谈判顺利、和谐。不同利益各有所需，不一致的信念是交易的基础。关注不同利益的"交集点"，使之成为优势互补的关系焦点所在。

谈判的内容与形式之间具有辩证的统一关系。内容居于主要的、决定的地位。内容决定形式，形式依赖于内容。形式对内容有重要的作用，同一内容可能会有多种可供选择的形式。要善于利用多种形式为内容服务，促进内容的发展。在商务谈判活动中利益就是实质，就是内容，而立场和观点则是形式。形式是为效果服务的，实现利益最大化也就是实现了谈判的最佳结果。

下面我们从 15 个方面逐一梳理有关谈判工作的知识、经验、流程和每一个工作环节的具体内容。

1. 谈判的语言技巧

谈判过程中谈判者的语言技巧十分重要，一位专业的谈判高手非常注重语言技巧的展露。常用的语言技巧如下：

（1）针对性强——说话要注意做到有的放矢，模糊、啰嗦的语言会造成对方的误解、困惑、反感，甚至降低威信。

（2）方式婉转——表达方式要易于使对方接受。面对每一个问题最好能够先主动询问对方的建议，若意见一致对方会有被尊重感，有利于营造融洽的谈判氛围。

（3）灵活应变——遇到尴尬局面时应具有语言应变的能力，而避免情绪对立，使谈判气氛紧张。例如以幽默语言、转换话题、暂时休会等方式搁置争议话题。

（4）无声语言——会谈中善于用姿势、手势、眼神、表情等表意，展示无声语言。甚至沉默往往也会取得意想不到的心领神会的效果。

2. 变量因素

在谈判前做好可以接受对方条件的底线设计。多创造一些在谈判时可随时利用的变量因素。变量因素准备越是充分，选择越多，获得成功的机会就越大。什么是变量呢？通俗地讲，变量就是可以影响对方的谈判筹码。谈判开始前就要注意准备好这些筹码。

价值和价格是最易引发双方利益冲突的因素，但是这些不应该是所拥有的唯一变量因素。价值、价格纠缠会增加双方对立情绪，不利于谈判成功。

鉴于价值、价格因素的敏感，智慧的谈判高手会先展现合作价值，后表达交易价格。而且进入价格讨论时起点要高，让步要慢，往往先让步者输。

对于企业来讲要准备的变量因素往往会表现在很多方面，例如对技术的专利权；对管理的控制权；对质量的保证承诺；让客户感到服务的便利；产品缺乏时所能够给予客户的优惠措施；新技术的信息支持；良好的服务信用；满足客户要求的能力；送货及时；售后服务保障甚至是客户终身服务计划等不一而足。要把这一切都视为在谈判桌上能够展现给对方的实力和讨价还价的筹码。

谈判的结果就是双方签订的那一纸协议（合同）。协议是谈判各方彼此做出的承诺，是双方未来的行为准则和彼此约束。协议还是在符合法律规定下的双方要约，受到法律保护。

面对强势谈判要注意加强自我保护，特别要避免达成理应拒绝的协议。而且更要充分发挥手中"筹码"效能，使协议尽量不越过自己的利益底线。必要时还可以考虑引入类似于"三角恋爱"的第三方影响力，以削弱对方对谈判的强势或控制力，这是一种有效的策略。

这里所说的第三方包含了两种概念，一种是与对方同类型的组织，虽然不是我们心仪中的理想合作者，但是他的引入可以有效地削弱对方的强势地位。另一种第三方的概念就是向对方透露我方另一个有吸引力的合作项目或计划，让对方看到未来新的机会而不肯轻易放弃与我方的合作，进而降低合作条件，满足我方的条件。

3. 谈判准备

有效和成功的双赢式谈判是在谈判开始之前就要有所周密计划的。谈判准备的五个要素：

（1）做出能够促使谈判取得成功的可行性分析。客观分析谈判双方各自的优势、劣势，彼此之间的需求和利益所在，以及同质化和异质化的组织特征分析等。

（2）详细了解谈判对象，包括对方组织情况和谈判代表的个人情况。尤其是对方首席谈判代表的工作经历、专业、学历、健康状况、个人爱好、性格秉性、家庭成员等情况。

（3）确定谈判目标。必须是可评价和可量化，明确且具体的目标。还要对谈判最终实现的最佳结果做出预设。

（4）编制谈判计划。包括拟定详细的谈判程序、议题和内容，这是一项非常重要的准备工作，谈判计划的质量往往在很大程度上决定了谈判的结果。

（5）设计谈判议程和策略，包括日期、时间、程序以及遇到各种阻力或困难时可以选择的策略准备等。

4. 组建谈判团队

组建谈判团队，选择首席谈判代表，明确谈判团队成员的分工和具体职责。谈判活动的整个过程应该是由一个团队而非个人实施的。这个团队要有台前幕后明确和具体的工作职责和分工。

谈判团队的队形和职位设计。首先授权首席谈判代表，尽量不要安排组织的最高领导人担任。第二层是组织内有决策权的领导人，同时也一定要有未来执行协议和实施合作项目的负责人以及懂得把控财务风险的总经济师或总会计师参加。第三层是懂技术的专家以及相关专业的法律工作者。还有一个很重要的职位就是谈判秘书（图 4-1）。

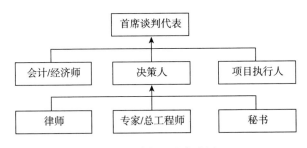

图 4-1　谈判团队布阵图

谈判团队的主要职责是：

信息准备——获取谈判中所需要信息。就企业而言要就以下双方信息做好充分的准备，如企业研发、生产、销售、服务每个环节的信息，并且要争取得到本企业各职能部门的配合与支持。

分析问题——建立问题解决小组，遇到谈判瓶颈问题时向首席谈判代表提供信息支持，指导谈判策略。

解决方案——研究和确定为达成交易的备选方案，评估谈判协议。

作出决策——在备选方案与谈判协议中做出选择，或者放弃目前的谈判对象转向其他合作机会。

谈判要遵循的是两个基本原则，一是靠集体的智慧，个人的表现。二是谈判的目标一定要明确，计划要周延，策略要缜密，行动要及时。

谈判团队要实行首席谈判代表的制度，一张嘴巴讲话，一群脑袋思考。这是非常重要的一环，绝不可以在谈判桌上面对谈判对手出现"鸡一嘴，鸭一嘴”的混乱局面，你说、我说、他也说，各自表述个人的观点、立场、态度，造成我方的弱点、问题、矛盾、缺陷充分暴露在对方面前，这是非常不专业的谈判，其结果必输无疑。

组织的决策人可以考虑安排在谈判团队的第二层，他不一定要做首席谈判代表，而是退居二线观察谈判的全过程，留有充分的决策空间和话语余地。同时第二梯队还要有未来执行协议的项目执行人，让他自始至终了解谈判的全过程，知道每一项条款是如何达成共识的，而彼此没有写进协议文件的默契、妥协、条件、承诺又是些什么情况。这会有益于在执行协议过程中准确拿捏分寸，维护我方利益。当然这个层次的团队成员还少不了一个重要的人物，就是会算账的总经济师或者总会计师。以他们的专业和经验支持首席谈判代表在谈判桌上的讨价还价。

例如在我经历过的一次中外合资企业的合作项目谈判中，就未来产品的原材料采购地问题中方代表主张在中国就地采购，而外方觉得某国的原材料品质更加优良，CIF 报价（货物含保险、运费报价，也称到岸价）比国内采购价还要低很多，即便加上关税也很划算。

中方首席谈判代表认为这是个不错的提案，立即准备接受。此时的总会计师迅速暗示休会。他单独与首席谈判代表讲述了自己的分析。总会计师表示听起来这是个不错的提案，不过我注意到对方提出原料采购的原产地，这个国家与中国的外交关系时好时坏，这就会存在企业无法把控的国际贸易风险。国际关税一般分为三类，一是普通关税，这是指正常贸易关系国家之间的标准关税。第二种是最惠国待遇的优惠关税，这是友好国家之间共同达成的对等互惠关税待遇。第三种就是惩罚性关税，这是两国国家关系紧张时常用的彼此之间贸易制裁的手段，往往是单方宣布的不对等待遇。中国与对方提出的原料产地国外交关系不稳定，一旦两国外交关系交恶一定会使用关税手段互相制裁，而我们的企业是完全无法控制成本的。

复会后中方首席谈判代表向外方表达了上述分析和立场，虽然中国采购价格略高于进口，但是稳定、可控。外方听后非常认同中方代表的分析，马上采纳了中方建议，并且达成共识，写入协议条款。由此可见安排总会计师或总经济师参与谈判过程是非常必要的。

谈判团队的第三层成员就是与谈判内容相关的技术专家、律师和谈判秘书。

技术专家和律师各司其职，充分发挥各自特长，做首席谈判代表的技术和法律参谋。特别值得一提的是谈判秘书。这是一位公关型的特殊人才，也是不可或缺的重要团队成员。在谈判场上要善于察言观色，随机应变。他（她）可以随时给予首席谈判代表暗示，提议休会，缓解紧张气氛。在谈判桌后边要知道怎样设计和安排双方非正式的沟通机会，巧妙营造适合沟通的良好氛围，安排好谈判对方人员（包括随行家属）的生活和活动内容，让他们感到满意和愉悦。这些都会对对方的谈判决策人产生潜移默化的重要影响。

这里讲一个真实的故事。三十多年前北京市的一个社会公益性组织要与法国的一个机构建立合作关系，开展一项非常有意义的项目。

法国公司的总裁偕夫人等一行来到北京。中方谈判团队的秘书不仅要安排谈判双方的议程、地点、接待、会谈等工作，还要特别精心安排好随行家属的活动，派会讲法语的员工全程陪她去秀水街购物，游览名胜景点，品尝北京美食等。

谈判开始了，东道主首先对客人表示热烈欢迎，一套寒暄客套，热情洋溢的致辞令客人感到温馨、友好。随后中方负责人滔滔不绝地介绍起中国几千年博大精深的文化，北京城几百年悠久的历史底蕴，本机构的创建背景、社会地位、行业优势、业务实力等滔滔不绝。开始外方饶有兴致地聆听，不时报以微笑、赞许和掌声。随着时间的推移会谈始终还没有进入主题，外方代表从兴奋渐渐地转为沉默，又从沉默转为不耐烦，不时看看手表。

此时中方谈判秘书看在眼里，急在心中。她用事先约定的眼神提示中方负责人，可以安排休会了。会议暂停下来，秘书把所观察到的情况悄悄告诉给领导。复会后双方很快进入项目合作的主题，法方简要介绍了自己的组织情况和对这次来京会谈的期待，也礼貌地向中方热情的接待表示了感谢。

在谈判过程中每当谈到一个议题，中方代表总是喜欢针对这个议题先把自己的思考、立场、条件表明，而且还把自己所持的态度解释得非常仔细和清晰。在谈到投资关系、管理权和关键部门的人事安排等议题时总是表现得有些势在必得，不容协商，几乎没有外方表达意见的机会和空间，令外方非常懊恼，因此外方表现出希望尽快结束会谈的意愿。

谈判秘书此时对双方代表说："上午会谈气氛非常热烈，不过我安排了一个非常奇特的午餐，由于路途较远我建议提前休会而不是结束。希望大家能够理解！"她的这一席话非常灵验，外方客人迫不及待地询问午餐在哪里啊？秘书微笑地回答："颐和园听鹂馆"。看着客人们一脸的好奇她解释道："颐和园是中国古代皇家园林，听鹂馆曾是慈禧太后用餐的地方，都是宫廷菜点，请大家去品尝。"话音刚落，客人们情不自禁鼓起掌来，刚才谈判桌前的紧张气氛似乎很快就烟消云散了。随后宾主一同驱车来到京郊颐和园，步入皇家园林，沿着昆明湖畔漫步在长廊间，一路饱览宫廷园林的美景。

客人们进入了听鹂馆，庭院里身着古代旗袍的"宫女"们热情地迎客，优雅的宫廷丝竹乐曲声令人心旷神怡。入席后宫廷侍女装扮的服务员开始介绍听鹂馆的由来和这里的菜肴特色，秘书流利地翻译给法国客人们听。

豌豆黄、芸豆卷、小窝头、艾窝窝、驴打滚……一道道精美的宫廷糕点让法国客人们大饱口福，赞不绝口！

"红娘自配"一道菜肴呈现在客人面前，"侍女"开始介绍这道菜肴的故事"慈禧太后的贴身宫女年纪渐长，心想出宫而不敢言。做了一道菜取名红娘自配，太后领悟其意，遂对身边年长宫女们说尔等可以随时出宫，各自选配如意郎君去吧！由此这道菜名和做法承传至今。"

宫廷奉鱼、佛跳墙、荷花鱼丝、罗汉虾……一道菜一个典故，客人们看得眼花缭乱，听得如醉如痴。他们欣赏着精美的冷盘拼摆和雕刻，简直就是艺术精品呀，他们纷纷拿出相机拍照不停，望着色、香、味、美的菜肴实在舍不得吃掉！这顿午餐居然用了两个多小时，终于恋恋不舍地走出了听鹂馆仍意犹未尽！

这时秘书又安排大家乘船游览昆明湖，一路上滔滔不绝地向客人们介绍着佛香阁、排云殿、十七孔桥、铜牛、西堤一个个景点和历史故事，让这几位法国客人们进一步领略了中国历史文化的博大精深。似乎上午谈判桌上的懊恼和烦躁早已烟消云散了！游览结束时秘书不经意地询问总裁明天的活动该怎样安排？"继续会谈！"他毫不犹豫地回答，这让中方谈判团队每个人悬着的心都放下了，大家也彼此会意地笑了！

我当时也感到十分好奇，平时很熟悉的这位秘书居然还有如此才华？此后我向她讨教才恍然大悟！原来她知道自己被领导安排负责这次接待工作，也知道这是中方第一次与外国机构共同建立合作项目，领导势在必得的合作愿望十分强烈，因此为这次接待做了很多的精心准备。她曾为了这顿午餐煞费心机亲自到听鹂馆订餐，在服务员的帮助下精选菜单，而且事先有约不要急于上菜，每上一道菜就讲一个故事。为此她还买了一本中英文听鹂馆菜谱，熟悉所点菜肴的故事，做好翻译的准备。游船也是她精心策划的一个节目内容，借在昆明湖上乘舟荡漾游览的机会向客人介绍中国人的思维和表达方式与西方人的差异。

就是这次出色的公关活动，客人们在愉悦的心情中领略和了解了东西方文化的不同，也反思了他们与中方会谈并无实质性的分歧，只不过是跨文化沟通的彼此习惯和相互适应的问题。那位总裁夫人也在此时发挥了重要的作用，她对丈夫表达了对中国的浓厚兴趣和喜爱，希望丈夫能够珍惜这次合作机会。

谈判恢复后双方调整了各自的心态，都不约而同地以包容、理解、信任、换位思维的心境投入到新一轮的谈判，最终取得会谈成功，至今这个项目已经在北京市合作三十多年了，双方关系一如既往，非常顺利。

这一案例让我们认识到谈判本身就是双方人员代表各方利益，寻找双赢机会的一次公共关系活动，是公共关系工作的高级表现形式。

5. 信息准备

分析：信息收集、研究分析、彼此状态、各方利益、客观标准。

计划：怎样提出问题、利益表达方式、谈判目标设计、替代方案准备。

讨论：了解对方利益、共同利益分析、认知差异、确定谈判要点。

"约哈里窗口"理论[①]以一扇窗户的四个窗口形象描述了一个思考模

---

① 约哈里窗口（Johari Window）由美国著名社会心理学家约瑟夫·勒夫特（Dr. Joseph Luft）和哈里·英格拉姆（Dr. Harry Ingram）对如何提高人际交往成功的效率提出的，常用来解释自我和公众沟通关系的动态变化。

图 4-2 "约哈里窗口"信息对称

型，使我们清楚了解到在谈判过程中双方信息可能的四种状态。第一种状态是"开放区"，双方都掌握的信息，这一状态下透明度最高，彼此信息对称。第二种状态是"盲区"，不易看到或了解到的对方信息，带有很强的隐私性。第三种状态是"隐藏区"，彼此刻意隐瞒对方的信息，也是风险最大的一种信息状态。第四种状态是"未知区"，双方都不知道或未来可能会发生的信息，不可预见性很强。只有对这四种信息形态都有全面的认识和分析才能提高谈判过程中的风险防范能力。

6. 谈判方法

谈判策略非常重要，通常采取先谈原则后谈实际，先谈宏观后谈微观，先谈容易的后谈难点，先谈小后谈大的策略。由表及里，由浅入深。

注意区分人与问题的关系，将人与问题分开是一种理性的概念。就是在谈判过程中注意把人际关系与谈判的实质问题区隔开来。

怎样分开呢？理性、理解、沟通、可信赖、不强迫、善于接受对方都是十分成熟的理性行为意识。因为你所面对的不仅仅是谈判对手，而且是活生生的人。凡是人就有各异的性格、习惯、情绪、背景、学识、价值观。

人际关系对立与融洽与否都应该建立在谈判心理的原则性和独立性之上。谈判心理包括对人际关系的认识和人性、目的性、个性的分析。

我们在对人际关系发展过程的观察和研究中归纳出从建立到结束的十个阶段：

（1）启动——人与人的初次见面与相识；

（2）试验——尝试沟通，试探对方的反应；

（3）增强——彼此印象加深，互有好感或找到共同语言；

（4）整合——发展和密切彼此关系，寻求建立更加紧密的关系；

（5）结合——彼此关系发展到极致，密不可分；

（6）异化——共同相处个性凸显，各有所思；

（7）限制——各自产生试图约束或限制对方的言行；

（8）呆滞——矛盾加剧，彼此关系开始停滞或淡化；

（9）回避——彼此感到厌恶，悔不当初；

（10）结束——分道扬镳，一拍两散甚至反目成仇。

从素不相识到相见恨晚，从密不可分到分道扬镳是人们交际中常见的两种不同关系变化和因果效应。之所以会导致这样的关系逆变无不都是受到如下因素的影响：

（1）人性需求。这是人们的共性心理需求，得到信赖、被人理解、受到尊重、建立友情、享有盛誉。

（2）寻求目标。为了获得自身发展机会而去寻觅目标，展现魅力。渴求顺利、注重效率、期待成就、谋求合作、渴望成功。

（3）影响要素。感到反感、常被误解、产生偏见、深陷孤立、情感冷漠。

以上是促使彼此关系逆变的三个主要影响因素，因此在建立、培养、维系、增进彼此关系中要有深刻的理解和自我调整的意识，以保持健康的谈判心理。

对人的个性观察和把握也是高级谈判专家的技能之一，现代统计学奠基人费舍尔教授（Dr. Fisher）曾经说过，不管我们对对方的利益了解得如何透彻，或者提出的方案如何具有创造性，我们总是面临着一个处理利益冲突的现实。因此独立和客观的标准就显得尤其重要。

这里还要谈谈有关谈判的心理和情绪状态把握：

（1）心理状态。不要总是以自己的想象，而以客观事实做出判断；不要把自己的问题，归咎于对方的责任。最佳状态是以己度人，修正自己；不以恐惧，推断对方；开诚布公，真诚讨论。

（2）情绪状态。在尖锐的争论中，情绪往往会比论点更为重要。要能够容忍对方宣泄情绪，鼓励对方说下去。而自己却要努力控制情绪，过于强烈的情绪感染力会影响谈判气氛和其他人，使谈判陷入僵局。为了避免这种局面的发生，首席谈判代表一定要控制好自己的情绪，学会自我调整。善于主动倾听，尽量充分理解对方，多谈一些自己的想法，向对方表露积极的愿望所在。

谈判过程中常常会遇到三大障碍：不想谈、听不进和有误会。受这些障碍影响都可能会使谈判无法进行，有违初衷，不欢而散。

再回顾一个我亲身经历过的历史故事。1992 年，邓小平在南方谈话中首次明确提出了"借鉴新加坡经验"的愿望，随后新加坡资政李光耀积极响应，新加坡政府向中国国务院提交了一份《关于与中国分享管理软件的建议》。1994 年 2 月 26 日，两国领导人在北京钓鱼台国宾馆正式签订了《关于合作开发建设苏州工业园区的协议》。当年 5 月 12 日，苏州工业园区的开发建设正式启动。在苏州市郊区一片荒芜的 70 平方公里的田野上，中国与新加坡首次联手进行了一次国际关系史上的创造性实验。

然而，三年后苏州工业园严重亏损 7 700 万美元。1997 年 12 月，李光耀资政再次到这里视察工业园区，面对毗邻明显竞争的另一片工业园区，对当地合作方表达了不满和失望。

当时，有位常驻上海的新加坡朋友给我打来电话，焦虑地说："我担心会不会影响到这个合作项目，甚至影响到两国的外交关系，您怎样看这件事情呢？"

我十分理解这位朋友的心情，当晚思绪万千，夜不能寐。第二天一早我与这位朋友通了一个很长时间的电话，坦率地谈了我的想法。我对她说："经过一夜的思考，我很理解你们的恼火。三年前你们带着新加坡商人到中国来是栽树的，这次来是希望摘果的。可是当你们看到的不是丰硕的果实，却是满树的虫能不生气吗？"我继续耐心地与她分析："这件事情应该不会影响到两国的外交关系，可是今后的项目合作关系就要看双方的态度如何了！""任何矛盾的产生都不能只责怪对方，一个巴掌拍不响，如果双方还珍惜过去的友谊和已经投入的资金，都不想使之成为沉没的代价，就要各自反思和面对面沟通，找出根本的问题所在。"

经过充分沟通，双方一致认为双方政府间签署的协议内容没有问题，而问题出在合作过程中新方与中方管理人员之间在许多管理理念、贡献价值、利益关系等方面的认识、立场不同。核心问题反映在新方在合作项目中的两个重要角色方面，协议规定在合作项目中新方行使对工业园区的管理经营权和对外招商引资责任。前者新方认为是"管理软件"输出，是合作重点，极具价值。而中方看重的是新方发挥招商引资优势，向世界推介园区项目。

为此，园区双方建立了"专门谈判小组"机制，就合作中遇到的具体问题开展对话协商。最终新方同意向中方转移园区管理权，把合作重点转到中方所期待的全球招商引资方面，并且继续承担对中方管理人员的管理培训职责。中方全面承担起园区的管理职责，合作重点放在园区建设、管理和发展方面。由于责任、权力的改变，随之就是顺理成章的利益关系调整。1999 年 6 月双方进行了股权交换。新方由原来持股 65％改为 35％。中方由原 35％股权改为 65％控股。

2000 年 10 月 16 日李岚清副总理和李显龙副总理在苏州工业园共同为象征中新友好合作关系的雕塑揭幕，并出席了苏州工业园中新联合协调理事会第五次会议，双方对园区开发建设所取得的成就表示满意。

2003 年，工业园区开发公司在弥补累积亏损的基础上实现利润 1 200万美元。2007 年实现利润 4 500 万美元。

如今的苏州工业园已经是一个颇具规模的新型现代化工业城市，也成为中国对外合作成功的示范样板工业园区。

这个案例中描述了一段鲜为人知的情节，也启发了我们另一种工作思路。当合作双方出现矛盾的情况下，如果能够有机会听取一些民间的谏言献策，找寻化解矛盾的方法不失也是一种良策。虽然这个第三方仅仅是自然人行为，但也能够发挥民间对一些重要事务发展趋向的影响作用，充分体现出公共关系工作的多元化。

谈判常用的三种方式分别是温和式洽谈、强硬式谈判和原则式谈判（亦称实质利益谈判）。三种谈判方式的不同见表 4-1。

表 4-1　三种谈判方式比较

项目	温和式谈判	强硬式谈判	原则式谈判
目的	达成协议	赢得胜利	解决问题
对手	信任对方，视为朋友	不信任对方，视为敌人	视对方为共同问题的解决者
立场	轻易改变立场，追求达成协议	坚持自己的立场，势在必得	坚持客观标准，重点在利益

（续）

项目	温和式谈判	强硬式谈判	原则式谈判
初衷	为了关系而做出让步	要求对方让步而不顾关系	把关系与事情分开
手段	对人和事都温和	对人和事都强硬	对人温和，对事强硬
做法	提出建议	威胁对方	共同探讨利益
协议	为了达成协议而让步	要有所得才肯让步	达成互利的协议
方案	寻找对方能接受的方案	坚持自己可以接受的方案	规划多个方案双方做出比较选择
表现	尽量避免感情用事	双方意志力的角逐	理性沟通，不卑不亢
结果	屈服压力，易受伤害	向对方施压，关系对立	双赢为目标，遵从原则而非压力

作为商务谈判通常选择原则式谈判。这种谈判方式特别适合于谋取双赢的效果。原则式谈判主要是针对特定交易而进行的谈判。一次特定交易的结果，不仅取决于是否运用了谈判技巧，而且还受到各方的谈判关系影响。

原则式谈判所强调的原则是：

（1）强调利益而不是地位；

（2）共同创造获利机会；

（3）建立客观标准；

（4）将人与问题区分开。

原则式谈判的特点就是适用于互利和双赢的目标选择。原则式谈判过程中常用的形式策略有开诚布公、以退为进、假设条件、私下接触、寻找契机、有限责任、润滑剂、必要时的休会等。

7. 谈判客观标准的建立

（1）客观标准的依据：

1）市场价值——市场对同类技术、服务、商品的价值比较和依据。

2）行业惯例——本行业的普遍性操守和规则、规章。

3）专业标准——国家或行业组织制订的技术、服务、产品标准。

4）科学判断——具有科学依据的分析、评价、认证、检测、结论。

5）同等待遇——内外资、不同经济属性、不同国家或区域组织的非歧视承诺。

6）道德标准——诚信、非暴利、安全、品质等职业准则。

7）成本分析——客观、公平、科学、严谨、诚实的依据。

8）法律制约——相关国家法律法规、政策、制度规定。

以上八条客观标准是谈判过程中提出或拒绝条件的客观依据，减少个人随意性和谈判代表之间意志力的角逐。

（2）客观标准的用途：

一是为了在谈判过程中据理力争，说服对方；二是为了保护自己的正当利益。

（3）客观标准的三项原则：

1）公平的标准。在谈判中任何一方所提交和依据的标准都应该具有共同认同和共同适用的原则，不可带有选择性和歧视性。

2）公平的程序。提交和适用客观标准必须有信息透明、权力对等、举证公开、可核查验证的程序约定。

3）客观标准不可受各方意志力影响，不屈服于压力，只服从于原则。

（4）客观标准怎么用

建立平等的标准要独立于双方的意愿。公平合法，并且在理论与实践中均是可行的。

建立公平的利益分配步骤。将谈判利益的分配问题仅局限于寻找客观依据。

善于阐述自己的理由，也接受对方合理、正当的客观依据。限制对方漫天要价或者漫天压价。

不轻易屈服对方的压力。同时也要特别小心贿赂、最后通牒、信任危机等形式的压力。最好请对方明确陈述理由，讲清所遵从的客观标准。

8. 谈判的核心步骤——谈判三部曲

（1）申明价值。谈判的初始阶段。应该充分表明各自的利益需要，申明能够满足对方需要的方法和优势所在。

（2）创造价值。谈判的过程阶段。寻求最佳方案，以为各方实现最大利益为原则。充分创造、比较与衡量最佳的解决方案。

（3）克服障碍。最后的攻坚阶段。此时双方谈判的立场可能会发生利益冲突，谈判者自身在决策程序上也可能会发生障碍。这就需要用智慧化解冲突，以勇气跨越障碍。

9. 首席谈判代表行为准则

首席谈判代表当受到攻击或责难时最好的应对策略是"聆听",而非本能地反击。将反对的意见转变成需要解决的问题进行讨论。学会从对方角度看待问题,从对方需求中获得不同理解,从而准确把握彼此的立场和利益关系。最佳的谈判立场并非一味强调如何满足对方的要求,而是问题的解决,找到双方都能接受的妥协点。

鼓励对争议的问题进行讨论,而非争论。这时争议的一方如果向对方提出截然相反的回应,将会导致无法达成一致。如果邀请对方集思广益,致力于寻找双赢为目的的解决方案则可能会柳暗花明又一村。

先易后难,把最棘手的问题留在最后谈。这会有助于谈判的继续,而不被争议的问题所绊住。在简单问题讨论过程中可以发现更多变量因素,而最后使得似乎最有争议的复杂问题也能迎刃而解。

10. 最佳替代方案

最佳替代方案也叫作"新重组方案"。作为一种谈判的技巧和策略,选择好最佳替代方案有助于打破谈判僵局,有助于谈判双方达成协议以共同受益。

有这样一个案例,虽然已经时过境迁,但是今天读起来仍不失是一种思维的启迪。三十多年前,一位欧洲国家的外商希望将一种产品带到中国生产,然后销售到世界各地。他十分看好中国劳动力成本低廉,原材料资源充沛,海运交通便利等优势。通过朋友的介绍他找到了我,希望帮助他在沿海城市寻找一个落脚点。那时各地都在大力开展对外开放和招商引资活动。我向某市外经贸委主任推荐了这个项目,他非常重视,亲自会见外商介绍当地投资环境和优惠政策。可能是被当地领导热情的接待所感动,也许是出于对我的信任,这位外商大有得来全不费工夫的幸运感觉,当即表示选择在该市投资这个项目,中方也自然喜出望外,双方商定第二天就开始正式进入商务谈判。

夜色降临,这位外商人生地不熟却又感到寂寞就到酒店内的酒吧消磨时间。酒吧似乎是西方人的最爱,这里不仅仅是一个消磨时光的休闲场所,更是以酒会友的交际场合。在这里他寻觅到了同文同种的朋友,大有他乡遇故知的快感!他们很快就熟识起来,畅所欲言。新朋友得知他是第一次到中国，而且准备在这个城市投资项目，就介绍起自己在中国发展的经验。中国地域辽阔，各地文化差异很大，人们做事情的风格各异，在这里更要注意"Chinese relations"。善意地建议他不妨到各地多走一走，做个比较再确定项目投资地。

第二天他突然向当地接待方提出暂停约定好的会议，他要离开了。市外经贸委主任找到我了解情况，我把昨晚酒吧的事情向他做了介绍，外商对中国缺乏了解，缺少各方面的人脉关系，担心有不确定的投资风险，希望到各地走走做个比较。

这位外经贸委主任立即到酒店会见外商，语重心长地说："我知道您的项目是一个独资企业，在中国设立生产厂，产品完全销往海外市场。我也非常理解您的心情，由于您对我们本地的文化缺乏了解，担心投资风险，想到各地走走比较一下再做选择无可非议。"

这位外商对中方负责人的理解表示了感谢，坦诚地诉说了自己的顾虑。主任向外商提出了一个建议，不妨可以考虑把独资企业改为合资企业，推荐一个有实力的中国企业与他共同投资项目，这个中国企业对中国的国情十分熟悉，也在当地有着广泛的人脉关系，恰恰与外商形成优势互补的合作关系。

外商听到这个建议感觉虽然不错，但是担心会失去部分股权和管理权。自己不缺少资金，市场效益预期非常可观，加入一个合作方往往会带来新的问题和经营风险。

鉴于此，这位主任又提出一个方案。根据当时的《中华人民共和国外资企业法》还可以考虑第三种模式，就是中外合资企业。中方仅以小股权参与项目合作，大部分股权和主要管理权仍然由外方掌控。中方仅仅发挥其优势帮助外方处理好中国的事务，并开拓中国的市场机会。这样的合作方案既可以满足外方的需求，又解除了利益、权力的后顾之忧，可谓一举两得。

外商听到这个建议感到非常惊喜，也深深体会到当地政府对这个投资项目的重视和真诚的态度，这位外商当即决定项目落地该市。

这是一个非常典型的招商引资公关案例，一个或几个替代方案就可能成为一次转机，有效的公共关系管理工作能够促成一个前景看好的投资项目。

总结上述案例使我们认识到在商务谈判过程中要充分考虑对方利益，充满想象力的最佳替代方案有不可置疑的重要性。方案越好，影响力就越大。视谈判对方为共同问题的解决者，既不是敌人也不是朋友。

提出最佳替代方案的步骤：

（1）提出如果不能达成协议时自己所能接受的另一个替代方案；

（2）从所能设想出的措施中甄选出一些有前途的想法变成具体的新方案；

（3）在上述方案中最后选择出一个可行方案，即便达不成协议也要成为最佳的替代方案从而维系关系，不轻易关闭谈判的大门。例如可以考虑把预期的一揽子全面协议改为阶段性的协议或者将原本签署协议书改为签署备忘录、合作意向书等。

方法：谈判各方共同讨论和决定最佳替代方案；谈判一方向另一方提出最佳替代方案。

原则：力求遵循双方受益的原则，在公平合理的基础上重新获得谈判成功的机会。

11. 应付最难缠的对手

谈判双方人员彼此的印象、不同的立场、个人的成见、情绪化的影响和沟通的障碍都可能成为谈判代表个人之间意志力的角逐，往往会在一些问题的讨论中纠缠不休，使得谈判无法继续，无果而终。

遇到这样的谈判对手最有效的交手对策是主动采取换位思维，动之以情，晓之以理，积极倾听，积极回应。从而达到改善关系，营造良好谈判氛围的目的。成熟的谈判高手往往会与对方建立持续发展的良好关系，在不同场合、不同阶段运用不同的影响策略。其中包括以温和态度对待谈判对手和纠缠不休的问题，并非是针锋相对，或者是对人和对问题都强硬，采取以其人之道还治其人，以恶制恶的方式。

12. 常见的谈判陷阱

在很多谈判场合也会遇到谈判陷阱，通常会有两种类型，一种是诚信类陷阱，另一种是心理类陷阱。

诚信类陷阱主要是指谈判对方故意提供虚假信息，不完整披露信息，虚假授权，言而无信和诚信可疑。

心理类陷阱在谈判过程中表现为条件节节升高，不公平的谈判环境，采取黑白脸的策略，漫天要价或谢绝议价，拖延战术，个人之间的人身攻击，提出极端要求，最后通牒不留后路，拒绝商谈，坚持己见，威胁施压，出尔反尔等。

面对上述两种陷阱有效的应对策略是识破花招，有理、有据、有力揭示问题。开诚布公质询对方，迫使对方转变态度重启协商。

13. 影响谈判成功的七要素[①]

（1）建立信任。但是要注意的问题是信任不一定能够完全实现互惠，信任仅仅是主观愿望，信任关系需要经过时间来建立。

改善策略：不仅仅追求信任，而是让各方相互依赖。加强彼此理解，共同建立彼此携手合作的意愿。

（2）认真倾听。但是要注意的问题是倾听前已经形成了对对方的不良印象，或者自己不具有倾听的习惯或技巧，认为先听后说总是被动之举。

改善策略：学会抢先提问，保持主动。把握谈判方向，提高决策引导力。

（3）坦诚透明：但是要注意的问题是在谈判中虽然知道应该坦诚透明对待对方，但是对实质内容要有所保留，坦诚透明并非是和盘托出。

改善策略：只向对方阶段性的披露足够的实质信息，避免权力游戏或警惕不道德行为，并且在谈判中不应有受压或被逼迫的感觉。

（4）友善待人。但是要注意的问题是自己过于期望对方投桃报李，容易被对方误认为是软弱可欺，易招致对方傲慢，施加权力。

改善策略：主动发起和提出一个有价值的话题，展开对话交流。友善待人，但要不卑不亢，不失尊严，在对方面前彰显你的价值所在。

（5）公平公正。但是要注意的是公正仅仅是一个主观的愿望，有时却具有排他性。不同人对公正的理解差异很大，往往会缺乏共识。只有谈判的内容涉及所有利益相关人的价值体系，公正才会有实质意义。

改善策略：通情达理，寻找谈判各方共同利益点。扩大共同利益共

[①]　引自：新加坡欧洲管理学院调查报告 Dr. Horacio Falcão/Mr. Alena Komaromi。

识，缩小不同利益立场。

（6）忠实守信。但是要注意的是忠实可能会被操控，可能会混淆各方关系，对实质利益产生不利影响，一旦谈判失败会导致各方关系恶化。

改善策略：忠实于谈判进程，认真负责，积极推动谈判。以积极的态度对待谈判对手，如果谈判局面不利，则不必向对方做出任何承诺。

（7）争取双赢。但是要注意的是仅仅致力于推动双赢的过程，而非执着于结果。虽然无法保证谈判一定会取得双赢的结果，却还要抱着双赢的心态致力于推动谈判进程。

改善策略：要达到双赢的结果，相互依赖的影响最大。信任是改善彼此关系的基础，但改善的结果往往并不仅仅只是取决于信任，相互依赖则比相互信任更重要、更有效。

14. 陷入僵局

由于谈判双方互相设立前提，往往很快就会使谈判陷入僵局。谈判者常有的心态包括：我所失即你所得；能否达成协议取决于我的意愿；我只考虑眼前经济利益，其他因素一概不顾。而且在僵持不下中又采取各自对结果的观望态度，使得谈判演变成双方意志力的较量。看谁最顽固，又看谁最慷慨，看谁更加愿意谈成协议。

这个阶段往往要特别警惕"感情敲诈"陷阱。谈判一方以愤怒的情绪指责另一方。其实这往往是谈判者的一种咄咄逼人的策略，也叫"愤怒预谋"。面对这种挑战，谈判另一方往往有三个应对策略可以酌情选择。其一是回避：休会、请示上级、转移会址、改变谈判环境。其二是聆听：目光接触、泰然自若、冷静、耐心、理性。其三是表达：提出建设性意见，表现坚强、自信。这时特别要避免发生的是喋喋不休、据理力争，令对方尴尬、烦躁；不给对方留余地，无法"下台阶"；对每一个观点都逐一反驳或者对所有错误都不反驳。

当然，再进一步就是采取替换策略。替换的概念中包括：改变话题；提出最佳替代方案；更换谈判代表；转向另外的谈判对手。这就如同玩儿扑克牌，握有一手好牌的人不一定会赢，而拥有一副烂牌的人也不见得会输。

少输为赢是专业谈判的正确指导思想。弱者谈判的最大忌讳是希望争得全胜！这样往往会提升谈判的难度，导致"全盘皆输"。唯有创造变通的方法，"少输为赢"才是可行和实际的。因此，要充分考虑对方利益，充满想象力的最佳替代方案就有不可置疑的重要性。方案越好，影响力就越大。

谈判过程中有四大主要障碍，谈判代表必须要有所认识和提高克服障碍的能力。

第一大障碍是喜欢过早下判断。对应方法是将创新构思与决策分开，先让对方完整提出构思，充分了解对方的想法后再决策。

第二大障碍是只有唯一的方案。克服方法是尝试提出多个可选择的方案。

第三大障碍是认为利益"大饼"永远不变。要转变思维，致力于互惠互利。

第四大障碍是对方的问题应该由对方自己解决。谈判代表需要改变态度，创造、提供或帮助易于对方解决问题的条件。

15. 谈判评价

谈判不仅仅是谈判团队的责任，也是与组织各部门息息相关的事情，因此必须要组织全体成员积极配合谈判团队的工作。谈判结束后对谈判成果做出评价是十分重要的一项工作。谈判评价的目的主要是总结经验不断提升团队素质和提高谈判水平，检查谈判过程中的每个环节缺失，使之不断改进和完善以及"论功行赏"激励团队。谈判评价的主要指标是：

（1）检讨谈判保障协调机制是否健全。谈判团队是在组织委托和授权下，为实现组织的目标而履行谈判职责。谈判团队需要组织内部的每一个职能部门给予全力配合以满足谈判团队所需要的信息、技术、后勤、行政等支持。谈判完成后对组织内部各部门做出工作评估是组织管理体系建设的重要内容之一。

（2）审查谈判团队人员与组织利益是否一致。谈判涉及组织的利益维护，考验着谈判团队每一个成员对组织的忠诚。警惕谈判团队内部人员以谋取个人利益为目的的向谈判对方泄露信息情报、受贿、幕后交易、操作谈判、私下承诺条件、利益交换等任何有损组织利益的违法、违纪行为。

谈判团队成员的纪律制订、纪检检查工作要特别加强，建立必要的监察和审计制度。

（3）谈判团队成员的绩效考评。谈判结束后要对每一位参加谈判的工作人员做出绩效评估。主要包括：履职表现、团队精神、责任意识、工作技能、沟通能力等方面，以量化的评价得出考核结论并对其贡献酌情予以表彰和奖励。

（4）合理制订对谈判团队的任务标准。营销交易或招商引资类型的谈判制订任务指标时特别要注意不能仅仅是关注成本和价格结果。过于强调财务成本自然会引导谈判者集中于成本和获利问题上，过于强调"折扣"更会对产品推销和采购人员的行为带来不良影响。最具典型的例子就是一些医药公司在产品推销过程中"医药代表"的行为不仅有违法风险，更会给企业造成不可挽回的不良影响。在制订任务考核标准时要注意区分眼前交易与长远关系的界限，建立稳固的交易关系能够逾越特别交易中的难点，列出利益清单，细化考核内容和标准。达成交易后所创造的价值，还应该包括能否进一步巩固和加深与对方的关系。

建立谈判评价机制可以通过一套科学的评价体系和流程总结经验、教训、所得、所失，列出清晰的组织利益清单。一个好的评价机制能够使谈判团队从单一的以追求眼前利益最大化转变为具有战略眼光的谈判谋略。当谈判关系日趋复杂时，谈判者不再只是简单地寻找妥协方案，而是能够在更多解决方案中去权衡，并扩大讨论范围。

还有几点与之相关的经验在总结工作中可以检讨和借鉴。谈判代表必须认识到商务谈判过程中有时为了维护客户关系而不惜在价格上做出超出底线的妥协、让步，这是一种容忍拙劣的交易和脆弱的关系。切不可通过妥协来解决关系问题，也不能把交易看作是对关系的考验。急于达成的最利己的交易可能会损害与别人交易的能力。过于关注与他人的关系，可能会放弃太多的利益，教会客户敲诈勒索的技巧。要透过眼前的合作，看到双方更长远的关系。

再有就是首席谈判代表的权力对谈判结果的影响。谈判者的权力是对达到谈判预期结果而可利用的资源和力量。在谈判中不可忽视权力影响力对谈判结果作用的复杂性、多维性和矛盾性。这就需要组织重视对谈判代表的授权以及权力运行监督机制的完善。

四、商务情报

1. 何谓商务情报

商务情报是对市场商业信息进行收集并加以分析和研究，得出与市场竞争及发展趋势相关，并有利于企业实施战略决策的有价值的报告。商务情报是事关组织发展的一项十分重要的管理工作，也是公共关系工作的重要职责之一。

企业转型，资本运作，产品研发，生产规模扩张或缩小，增员或减员，兼并或关闭，风险分析等涉及企业命运攸关的重大决策都离不开商务情报支持。

一些企业在发展过程中往往不太重视情报管理工作。新技术的发明应用、新竞争者的市场进入、消费者的移情变化、供应链的改变、法律政策的新规、汇率市场的动荡都可能使一个非常优秀的企业因情报缺失而瞬间陷入危机。

但是我们一定要知道收集商务情报不等同于国家意志的政治、军事、经济秘密谍报，一定要恪守法律及商业道德的行为底线。这些不可逾越的界限包括：盗版侵权、技术剽窃、违法的刺探、行贿、窃听、网络黑客、卧底、收买、策反、诱导、误导……

开展健康的组织信息管理和情报工作也是公关工作的重要职责，从业者必须学习和掌握很多专业的技能。获取、检索、分析、判断、评估、研究、报告等都蕴含着许多公关专业技巧和知识。尤其是在获取环节最能体现公关能力。

2. 获取商务情报的途径

一般社会组织获取的情报源和情报内容都是属于开源情报，主要特征是通过公开、合法、正当行为方式取得，且对社会公共安全不构成危害，对竞争对手不构成违法伤害。

社交活动往往是获取商务情报最有效的途径。NGO 组织活动、行业商会活动、社会公益与慈善活动、展览会、学术研讨会、市场论坛、会所交际、考察学习、结识朋友等社交形式都是便捷的情报来源渠道。

通过媒体检索商务情报也是十分方便的手段。新闻事件、图书馆、专业期刊、融媒体信息、网络社交平台、广告信息、文献分析、政府统计数据、上市公司运营数据等公开信息中商务情报无处不在。一些看起来无足轻重的信息被汇总收集和分析研究后就可能变成价值连城的宝贵情报。

通过市场调研采集信息。访问消费者、拜访商家、市场观察、电商浏览，以消费者身份购买、使用、品尝竞争对手商品或体验服务等都可以轻而易举获取所需要的商务情报。最典型的就是银行和保险业的服务产品，一家机构设计开发的服务产品一旦推向市场受到欢迎很快就会被其他机构仿制或复制，究其原因是没有任何法律规定银行、保险业的从业人员不可以成为竞争者的客户。

3. 商务情报的主要内容

（1）对本行业、本地区、全国乃至世界与本组织存在竞争关系的组织情况调查。排查出对本组织发展构成威胁或挑战的主要竞争者，并锁定目标。

（2）主要竞争者处于优势和劣势的领域，并研究能够对其产生影响的策略及效果分析。

（3）获取主要竞争者可能会采取的对本组织社会或市场地位造成威胁的行动信息。例如主要竞争者重要的发明和创新成果公布，主要竞争者上下游产业链的合作者情况和变化，是否有本组织的合作伙伴转向或同时与主要竞争者存在合作关系的情况。

（4）与本组织相关的国家法律、政策、制度、规定、条例、标准、公告的发布或改变。

（5）不可抗力事件发生可能会对本组织造成的影响。对可能产生影响的不可抗力事件类型、发生概率、影响力、破坏力做出风险预警模型分析，并制订情报收集、监测和应对方案。

（6）能够影响客户或消费者改变购买倾向或行为的信息情报收集。例如新技术、新产品的替代，实体商业受电子商务影响使得消费习惯的改变，消费支付方式的改变，服务需求变化，社会因素对消费者购买力的影响等重要情报的敏锐发现。

（7）其他一切与本组织利益相关的外部信息采集获取。

为了不断提升情报分析能力，首先组织要持之以恒积累信息，建立信息数据库。商务情报管理的三个主要工作环节首先是获取情报，然后就是分析研究情报，最后形成内部报告。

4. 商务情报价值

商务情报的价值链主要是由信息和数据两部分组成。情报分析是通过对全源数据进行综合、评估、分析和解读，将处理过的信息转化为情报以满足已知或预期用户需求的过程。[①]

在开源环境下得到的单独一条信息或者一些碎片化的信息往往并不具有很高的价值，然而经过信息集合并进行综合分析和数据处理后就可能会成为"价值连城"的情报。我国企业或社会机构在开源情报应用领域起步较晚，主要是对这项工作所蕴含的巨大价值还缺乏认识，专业人才培养不足，这都会严重影响到组织的竞争力。

情报价值主要体现在所获得的信息、数据通过分析后能够预测未来发展趋势，各种利益相关人的关系密切程度；及时发现组织的各种关联关系变化；外部环境变化对组织的影响；新技术对传统产品或服务的替代威胁预警；用数据描述问题和揭示规律；通过归类、聚合得出明晰的信息；通过信息分析、比对、判别揭示空白点，发现潜在机会；客观评价组织的行业地位和公共形象；为组织决策提供信息和数据支持以及组织的各种风险分析等不一而足。

总而言之，组织情报管理工作的责任就是将零散无序、优劣混杂的大量信息进行筛选加工、浓缩整序，使之系统化的过程。通过对各类信息的整合与集成化处理，实现情报价值的增值，为组织的发展做出贡献。商务情报工作的重要意义一经被人们所认识，并借助互联网、移动通信、大数据、人工智能、5G 等技术的快速发展，一定会被各类企业或社会机构所广泛接受和运用，从而大幅度提高组织竞争力。这也必然会拓展公共关系工作的更广领域。

---

① 引自：美国《国防部军事与相关术语字典》。

第五章

危 机 公 关

一、认识危机公关

什么是危机事件？危机事件是具有高度不确定性和高度危险性，表现新颖而缺乏感知，有时具有次生和衍生破坏性的重大事件。这类事件可能会伴有突发性或紧急性特征。

什么是危机公关？危机发生时为维护组织形象，减小事件破坏力，有效协调公共关系，在危机处置过程中所采取的积极、主动行为。

1. 重要概念

"突发事件"是指时间、地点、形式不可预知的事件。

"紧急事件"则强调对事件的快速反应和处理时间的紧迫性。

"危机事件"具有高度不确定性和高度危险性，表现新颖而缺乏感知，有时伴有次生和衍生破坏性。

"风险"是不以人们的主观意志而客观存在的，并可能会对人们造成伤害、威胁或不利后果的潜在而不确定的危险因素。

2. 概念比较

危机管理的概念是对可能造成破坏的灾难、灾害、事故、事件短时间内进行决策的管理流程，包括事前建立危机发生时的应对和快速反应机制。

风险管理的概念是发现流程中潜在的威胁，建立识别、预警和防范的管理方法。

3. 公共事件的危害

自然灾害、事故灾难、公共卫生事件、公共安全事件无论发生哪一种都会导致三个共同的后果，那就是：

（1）对人们生命及健康的危害，包括对人们心理、病理、生理、生命、行为方面的危害；

（2）使社会经济及个人、公共财产遭受损失；

（3）让社会秩序及人民生活环境受到破坏。

4. 企业危机事件的类型

经营类风险：资本运作失误、债权债务纠纷、劳资利益纷争、企业破产倒闭、消费维权冲突、市场竞争失利、公共政策影响等。

事故类风险：安全责任事故、安全意外事故、人为破坏事故、自然灾害事故、质量伤害事故、违法责任事故、外部环境事件等。

企业危机事件的发生形态一种是突发性的，另一种是衍生性的。危机预警系统对于前者往往处于被动的地位，而对后者则能够实现主动的监控。企业危机管理的核心在于对风险信息的判断与决策。

5. 公共安全管理概念

公共安全管理的概念包含着两个方面内涵。其一是"应急管理"，就是出了事怎么办的管理。出事一定不是常发而是偶发的，因此应急管理是非常态下采取的反应策略。

其二是"预防管理"，也就是怎样做不会出事的管理方法。这是一种常态下采取风险控制的手段，对组织实施全覆盖的实时监控和及时干预的管理策略。

应急管理和预防管理共同构成了公共安全管理的整体概念，二者之间是交叉关系，彼此相互影响、相互作用（图5-1）。预防管理搞得好，应急管理压力会减小，成本会降低；应急管理搞得好，对各种事故、事件应对措施准备充分，一旦发生事故反应迅速，措施有效，从而及时控制事态，减少损失，很快恢复常态。

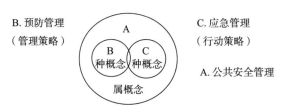

图 5-1 公共安全管理概念逻辑图

对预防管理与应急管理两个种概念的具体内涵做一个比较不难看出，两项管理的策略不同、管理目标不同、管理能力的表现不同、管理效果的体现也不同（表5-1）。这个分析让我们得出的结论是两项管理是完全不一样的内容，两项管理共同构成了公共安全管理的整体概念。

这一重要认识关系到公共安全管理的政策、制度、标准、评价、组织、行动等一系列的科学规范。如果对概念之间的逻辑关系认识混淆，结果会造成重大决策失误。我国的应急管理建设可以追溯到2003年，十几年来各行各业、各级组织更多强调的是应急管理，而在预防管理方面明显认识不足，甚至把两项管理都统称为应急管理，这是一种错误的认识。

表 5-1 预防与应急管理工作比较

预防管理	应急管理
预防管理是管理策略	应急管理是行动策略
强调组织工作过程中的风险控制	强调对可预期事件发生的应对准备
是公共危机管理驾驭力的体现	是公共危机管理行动力的体现
管理绩效表现在有效制度和激励效果方面	管理绩效表现在有效措施和责任落实方面

预防管理工作的重点是在组织中建立安全风险防控体系。而组织风险又存在着"常态安全风险"与"非常态安全风险"的区别。所谓的"常态安全风险"是指组织发展环境中客观存在的可认识、可辨识，内容清楚、目标明确、后果可知的风险因素，亦称为"灰犀牛"。"非常态安全风险"是指事前缺乏感知，发生概率极低，甚至闻所未闻，一旦发生危害力、影响力极大，破坏后果不可预知的偶发性风险因素，亦称为"黑天鹅"。这些都是安全风险防控体系建设中的最基本认识。

公共安全事故、事件发生率和破坏力是评价灾害的两个重要关联关系。发生率和破坏力的关系通常表现为四个维度（图5-2）。

有了这样的分析和评价手段就能更有针对性地采取预防措施，把高易发、高危害和低易发、高危害作为风险防控重点，合理利用资源，避免眉毛胡子一把抓，以取得最佳防控效果。

2016年国务院安全生产委员会办公室发布了《关于实施遏制重特大事故工作指南构建双重预防机制的意见》。这份文件首次提出了构建安全

图 5-2　事故发生率与破坏力分析图

风险分级管控和隐患排查治理双重预防机制的"双预防"概念。这是一个了不起的认识上的进步，而且表现在政策和制度的完善方面。

二、危机公关目的

1. 有效化解危机

危机公关有三个工作阶段，第一阶段是危机潜伏期、第二阶段是危机爆发期、第三阶段是危机恢复期。

（1）在第一阶段的危机潜伏期，公共关系工作的重点是配合安全管理部门在组织内部进行动员、宣传、教育、训练、协调等工作。工作目标是在组织的常态运作过程中能够及时发现风险隐患，迅速发出预警，主动采取措施，避免事故发生。

（2）在第二阶段的危机爆发期，公共关系工作的重点是做出快速反应，协调组织内部和外部的各种关系，以时间第一性为原则，采取有效措施保障紧急救援活动，有效控制局面。妥善处理媒体关系，主动对外发布信息，积极引导舆论。

（3）在第三阶段的危机恢复期，公共关系工作的重点是在善后工作中安抚遇难者亲属，慰问伤员和救援人员，精心安排赔礼道歉，主动与利益相关方沟通，积极配合调查工作，修复组织形象，展现出负责任的组织姿态。

2019 年末发生在湖北省武汉市的"新型冠状病毒肺炎"[①] 疫情就完全

---

　　① 2020 年 2 月 7 日中国国家卫健委将"新型冠状病毒感染的肺炎"暂命名为"新型冠状病毒肺炎"，简称"新冠肺炎"；英文名称为"Novel Coronavirus Pneumonia"，简称"NCP"。2020 年 2 月 11 日世界卫生组织将 2019 新型冠状病毒（Novel Coronavirus）命名为 Covid-19。特指 2019 年在中国湖北省武汉市发现的一种新型冠状病毒，可导致人与人之间传播的病毒感染传染性肺炎。

符合以上三个阶段的规律。其疫情潜伏期很难发现和缺少感知，而短时期内疫情暴发且传播速度很快，因此可以认定为不可预知性突发公共卫生事件。这一事件同时符合了突发、紧急和危机三个重要特征，可以综合判断和表述为"突发紧急公共卫生危机事件"。

公关策略是公共关系工作过程中为了取得最佳的工作效果对形式、方法、手段、时间、场合、环境、条件等的策划和选择。公关策略并非是不择手段，要特别注意以下责任风险和行为约束，其中包括法律责任、道德责任、社会责任、公民责任、法人责任以及行业自律。

公关智库建设是对组织管理的重要智力支撑，是调集社会最广泛的专业力量帮助组织规划未来、完善制度、决策支持、风险防范、应对危机、舆论引导的智慧资源。

在公共安全管理方面，智库能够帮助组织建立起更加专业的风险评价体系；做出客观的事故损失评估；提出危机应对策略；平衡各方关系，化解利益冲突。

2. 协调社会关系

危机事件发生时协调工作是最困难、最复杂、最艰巨、最具挑战的公共关系事务，其工作绩效直接影响到后果，其或然性极高。

主要的协调工作包括：

政府协调——监管调查、接受问责、行政管理、领导意志。

资源协调——物资、医疗、交通、救援、保障、通讯、运输。

公众协调——疏散、转移、安置、慰问、安抚、接待、咨询。

媒体协调——发布、采访、报道、接待、舆情、回应。

内部协调——股东、员工、家属、代理、供应商、大客户。

面对任何灾难、灾害、事故、事件的发生，协调沟通工作是非常重要的公关行为，游说、协商、谈判、交易等努力都是为了化解危机，平息事态，把影响和损失降到最小的程度。如何处理好宏观与微观的关系，整体与局部的关系，组织外部与组织内部的关系，未来与现实的关系，相关各方的利益关系等都在考验着公共关系工作者的智慧和能力。同时担负着为组织的领导人提供决策支持的重要责任。

3. 修复组织形象

危机事件的发生往往会对组织产生致命的打击，主动而非被动，积极而非消极，面对而非回避，真诚而非冷漠，迅速采取行之有效的措施，努力修复事件对组织形象造成的损坏是组织公共关系工作者的责任和使命。

在这方面的工作重点是设法消除不利影响，降低损伤程度；努力缩短恢复时间；重塑组织形象。

这里做一个典型案例分析。2017 年发生的"鸿茅药酒"事件曾经轰动全国，广州市谭秦东医生在自媒体上发出了对鸿茅药酒治疗功效的质疑，并且认为患有高血压、糖尿病的老年人不适宜饮酒。这篇网文初始影响范围有限，但是却引起了生产企业的敏锐察觉，短期内就有消费者和经销商纷纷提出退货，造成 100 多万元的经济损失。企业据此在当地报警，警方跨省抓捕了谭秦生医生并以涉嫌损害商业信誉、商品声誉的罪名提起刑事起诉。由此一石激起千层浪，引起了媒体和广大社会公众的高度关注。一时间媒体和公众的质疑声四起，鸿茅药酒到底是酒还是药？"每天两口，把病喝走"的广告宣传是否对其疗效夸大其词？谭秦东医生的行为是否构成刑事犯罪？……

在强大的舆论影响下，国家和地方有关行政管理部门纷纷介入调查，中国医师协会出面为谭秦东医生维权，专家学者们就企业和司法行为展开热烈的讨论，最高人民检察院和内蒙古自治区人民检察院介入后当地检察机关向公安机关退回起诉，要求补充证据。谭秦东医生在拘捕 98 天后取保候审，最终谭秦东医生向企业赔礼道歉，企业接受其道歉撤案撤诉，至此案件画上了一个句号。从 2017 年 12 月 19 日谭秦生医生发表网文《中国神药鸿茅药酒，来自天堂的毒药》到 2018 年 5 月 17 日结案全程五个月之久，这期间"鸿茅药酒"名声大振，全国亿万公众都耳闻目睹了这一事件的全过程。

虽然最终以妥协的方式了结此案的是谭秦东医生，而真正的输家却是鸿茅国药公司。似乎公众并未从种种的质疑中得出答案，这就给"鸿茅药酒"留下了难以弥合的伤口。鸿茅药业本想以企业面对个人的绝对强势挑战"乱讲话"的人，杀一儆百。结果却是弄巧成拙，给企业带来了致命的打击。

　　然而，"鸿茅药酒"并没有采取"脱胎换骨"的公关策略，而是以传统的思维方式寄希望靠行业组织的奖牌影响力恢复企业形象，挽回经济损失。2019年12月20日在中国中药协会主办的"2019年中国中药创新发展论坛暨《中国中药企业社会责任报告》发布会"上，鸿茅药业被授予"2018年度履行社会责任明星企业"荣誉称号，鸿茅药业副总裁鲍东奇则拿下"2018年度履行社会责任年度人物奖"。本已逐渐淡去的舆情再次被激活，诸多媒体再次发声质疑中国中药协会的评选不透明，标准不公开。一些媒体还揭底协会每年高额的会员费收入，加之深受广告宣传争议和"跨省抓人"风波影响的鸿茅国药公司获奖再次深深地陷入舆论的漩涡之中。一些有影响力的主流媒体以《中药协要珍惜公信力》、《中国中药协会评选"社会责任奖"的标准和底线在哪里？》为题严厉批评了这一评选结果和所颁发的奖项，社会组织与企业共同被推上了舆论的审判台，两败俱伤。

　　2019年12月26日中国中药协会正式公开向社会致歉，并宣布撤销所颁发的奖项。从颁奖到撤奖仅仅6天时间，是社会普遍不认同和舆论的力量"搅局"，再次让鸿茅国药企业蒙受打击。

　　2020年1月20日民政部公布了对中国中药协会的处罚决定，没收违法所得20.729万元，列入社会组织活动异常名录。一家官媒发文《鸿茅药酒"明星企业"荣誉被撤：只因这个致命的"人格缺陷"》切中要害。

　　一个企业痛定思痛，希望扭转乾坤，尽快恢复企业形象本无可非议。问题是应该选择怎样的策略实现组织目标。针对"鸿茅药酒"事件，企业最佳选择莫过于"脱胎换骨"的策略。祸兮福所倚，福兮祸所伏。以辩证的思维看问题，有时坏事也可以变成好事。这就需要重视公共关系工作，精心策划，努力修复企业形象。

　　从公共关系学的角度分析，治愈伤口的灵丹妙药莫过于勇于面对媒体和公众的质疑和批评，认真逐一化解。对于"是药还是酒"的质疑完全可以主动邀请第三方专家和国家行政监管部门进行论证，依据国家法律、政策、法规、标准得出科学、权威的结论，重新规范企业产品分类、名称、商标、属性和疗效定义。对于产品说明书和广告宣传的内容可以邀请第三方专业机构根据国家相关法律规定进行合规审查，规范和修改广告创意。

最终以全新的企业形象和产品品牌回归市场，重新接受消费者的认识和评价。

类似企业一定要补上公共关系学这门课程，与其当明星，不如当学生。企业越是成功越应该保持谦卑自省，越应该怀抱对公众的敬畏，越应该明白世道人心的力量。

4. 减少组织损失

在组织遭遇事故、事件时努力减少损失是公共关系工作当务之急的一项重要职责。在事故、事件发生后要非常冷静、理性、有序地抓好善后阶段的各项工作，这时主要抓住五个方面的工作展开迅速、有效的行动。

（1）尽快恢复常态——生产、管理、环境、流程。组织内部的公共关系工作职责是要按照领导层的安排协调好各业务部门的工作关系，及时搜集和汇总各部门遇到的困难、问题，协助他们克服困难，解决问题。时时掌握恢复工作的进度，向领导层汇报。在组织内部的协调工作中发现问题善于提出解决方案，做到上情下达，下情上达，疏通上下级、各部门之间的沟通渠道，提高组织效率。

（2）稳定内部情绪——股东、员工、家属、管理者。在一些事故、事件发生后极易引起组织内部人员的恐慌，公共关系的重点是做好与组织最密切相关人的稳定工作。最有效的方法就是及时、全面、细致地掌握事故、事件的信息，分析破坏力、影响力、次生和衍生灾害风险以及后果的预测。还要了解组织领导的决策、计划、应对措施等情况，经过汇总后针对不同的沟通对象做出不同的信息披露和安抚。保持与利益相关各方人员的密切沟通，发现问题及时解决，发生矛盾及时化解。尤其是初始一个人或几个人的情绪、意见、诉求避免迅速传播转变成群体诉求，使矛盾发生质变。

（3）恢复客户信心——消费者、代理人、经销商。对组织影响较大的大客户、代理人和经销商也是要特别注意密切沟通的工作对象。组织发生事故、事件必然会引起这些人的关注，要主动第一时间把真实的情况向他们通报，把握好话语权。减小外部不利信息传播对这些人的影响，保持和建立信任、信心、谅解或支持的健康关系。

（4）积极主动整改——总结教训、完善管理、堵塞漏洞。我们虽然无法改变事故、事件发生的现实，但是我们能够驾驭危机，掌握自己的命运。公关工作要发挥激励全体员工勇敢面对现实，勇于克服困难的宣传鼓动作用。在组织的整改工作中以正确的思想导向引导组织各部门和员工接受客观现实，认真吸取教训，深刻检讨问题，避免重蹈覆辙。

（5）改善政府关系——勇于承担责任、自觉接受监管。事故、事件发生后还要面对的就是来自组织外部的挑战。其中包括与政府行政管理部门、司法部门、第三方调查机构和媒体的沟通。组织的公共关系工作此时会显得尤为突出和重要。每一次接待、会议、汇报、质询、约谈、采访都要尽量做好充分准备，要帮助组织的领导和各部门负责人调整好心态，以积极、理性、坦诚、不推卸的负责态度面对来自各方的压力和挑战。同时还要注意协调好组织内部的关系，做好统筹工作，对外展现整体的组织形象。

总之，在事故、事件发生时组织的公共关系工作是非常重要的，能否控制事态扩大，有效减小组织损失，公共关系职能部门的负责人将会起到决定性的作用。这个岗位的负责人一定是最优秀的员工；是对组织最忠诚的员工；是综合素质最高的员工；是最具智慧和最能够勇于担当的员工。因此，选拔和培养公共关系职能部门负责人是人事组织工作中最重要的责任。

三、危机中的机会

努力化解危机，有效减小损失，在危机中发现机会是组织公共关系工作者的职责所在。因此要紧密结合组织的特点和需求培养高素质的公关人才显得尤为重要。无论是企业、政府或是非政府组织都会面对形形色色的组织风险，除了传统意义的事故、事件、灾难、灾害之外还会面对人们的利益矛盾而引发的冲突，也会造成社会和组织的严重危机。

1. 利益矛盾导致的危机

由于利益矛盾导致的企业劳资纠纷、征地拆迁、环保维权、下岗失业、离退休人员待遇、工业园建设、公共疫情、政府管制、行政执法、金融诈骗事件等事件往往会涉及较多人的利益，也极易引发怠工、罢工、请愿、游行、示威、群体上访等激烈的对抗行为。

一些事件在初始阶段如果不能有效控制和化解则会从一个简单的矛盾纠纷转变为复杂的社会事件、政治事件乃至国际事件。尤其是一地发生的个别事件，也会导致异地同类型的社会群体纷纷响应，同时跨地区发生声援或抗议、维权活动，造成公共关系紧张。

努力化解社会矛盾也是公共关系管理的重要内容之一，是完善社会治理体系和提高社会治理能力的具体手段。面对事件发生最重要的是组织的决策者要始终保持理性、保持冷静。尤其是面对人民内部矛盾的利益诉求要多用智慧，慎用公权，慎用警力，慎用强制力。在理性思维下，化解矛盾或冲突往往可以考虑采取如下策略：

（1）控制冲突扩大化的策略。这个策略的关键一是把握时机，二是控制范围。当一些人开始在公共场合出现并表达诉求时，一定会引来围观者。在初始阶段及时、敏锐地关注事态，第一时间采取积极而非对抗的手段把直接利益诉求人与无直接利益的围观者隔离开，避免围观者介入、响应、扩散、参与其中是最重要的环节。例如邀请诉求者到室内或没有外界干扰的环境下向有关部门提交意见和表达诉求，隔离是控制冲突扩大化最有效的方法。

（2）停止冲突，协商对话的策略。冲突往往起源于矛盾，是矛盾激化的结果。当今社会上发生的很多事件往往都是一些利益纠纷，其属性是民事纠纷。在这种情况下主要采取沟通方式。沟通有两种方式，一是协商，二是谈判。我主张先协商，后谈判，协商无效再谈判。协商是为了建立彼此双方互相了解的对话平台，是为了停止冲突，化解矛盾。

（3）化干戈为玉帛的策略。有时受各种因素的影响，协商效果不佳，或者一方坚决不妥协，这时就要考虑采取谈判方式。谈判是不得已而为之的下策，能不谈判尽量不采用这样的方法，因为一旦采取谈判方法解决纠纷，一定不会是"零和博弈"。采取谈判方式解决问题要做好心理准备，谈判中没有绝对的强势。谈判就是妥协的艺术，谈判是以小的代价换取或维护更大利益的一次交易。既然是交易，一定是有得必有失的结果。这就要从局部利益与全局利益，眼前利益和长远利益，小的利益和大的利益之间做出判断和取舍。如图 5-3 所示。

图 5-3　化解利益矛盾策略关系图

2. 事故类危机事件

世界上没有任何国家或组织可以幸免不发生意外事故、事件，尤其是经济发展速度较快，社会处于转型变革的国家，都会更多存在不确定的公共安全风险。如果遇到一些事故或由于灾害、灾难引发的公共危机事件时公关工作该如何运作？以下分享我亲身经历的一个案例。

案例背景情况：

2013 年 4 月 4 日在京居住的台胞董天群在北京市门头沟区清水尖爬山时走失，家属报案后门头沟区政府动员了各种救援力量开展搜寻救援活动。

然而，14 天的搜寻活动一无所获，救援活动是否还要继续？谁在为救援作出决策？"如果官方总指挥不同意我们撤出，就得配合，停止救援这种重大决策是作为总指挥的政府说了算。但据以往经验，官方不可能做出这种决定，除非家属让停止搜救。"一位民间救援队的负责人对采访记者说道。

而为了这场搜救所付出的时间、人力、物力等成本，都该由谁承担？尤其是民间救援队都是一些志愿者们的行为，长此下去会有更多的实际问题产生。董先生的妻子表示："救援队很努力，但每个人都有耐力极限，可能最后也就不了了之了，可我是不会放弃搜救的。"

几家民间救援队实质上此时已经逐渐脱离了指挥中心的统一调度安排，而是按各自的路线进山搜寻，搜索无果后悄然撤出。

面对这样一件引起社会公众广泛关注的生命拯救活动，面对着救援活动进退两难的局面，我根据自己从事 13 年国际紧急救援工作的经验接受了记者们的采访。从第三方的角度以专业的知识和经验提出了停止搜救活动的建议，而且讲明了道理。这对失踪者家属来说是一种有效的心理引导，让他们逐渐接受现实。从另外一个角度指出了政府在救援活动中的角色和职能，而不要错位，以减小责任风险。还有就是提出社会保障服务业发展的建议，加快保险业的进步和完善服务。

媒体报道实录：

民间救援队 14 天搜山成本考量

2013 年 4 月 19 日星期五《新京报》

国际紧急救援专家、北京大学信息科学技术学院高层培训中心公共管理专家委员会主任崔和平认为，现在基本可以停止搜救了。

崔和平指出，野外搜救有一个自然人存活规律，如果人遇险，能够保证呼吸，但没有水和食物的条件下，正常生命存活期最长 7 天。当然也会有生命奇迹存在。

但崔和平同时指出，何时停止搜救需要专家团队来"会诊"。因为家属总抱着一线希望。而政府喊停，易引起公众误解和家属不满。

崔和平指出，每一次搜救，都不能简单地判断是否停止搜救，而应及时成立专家团队，他们了解救援规律，知道救援的代价有多大，如何与家属沟通，何时结束搜救。

崔和平说，政府最大的优势就是手中的权力，是决策保障者，搜救专家在救援过程中需太多资源支持，但他调不动，政府应保障专家最大的需求，实现专家指挥的最佳效果。

政府应该把它不专业的领域放权给社会和市场。崔和平认为，生命拯救涉及很多专业知识，不同生命拯救活动需总结过去经验、专业知识，应让懂的人去指挥。

政府要注意避免非专业决策、避免干扰救援、避免资源耗费、避免风险质变、避免善意的违法。政府要发挥的是五种力量：保障力、协调力、号召力、凝聚力、公信力。

在崔和平看来，北京市红十字会是最合适的组织，因为在中国，红会不仅是人道救援组织，也有很强的政府背景。

红会从搜救一开始就应该提前介入，包括组织社会救援力量、专家团队、安抚家属等工作。

　　我打心眼里敬佩蓝天救援队，但救援者的志愿精神，不能成为社会的保障系统。崔和平指出，一个完整的社会保障体系，不能靠这样的精神来支持。野外搜救应从过去政府包办、社会力量参与转变为新型保险业。

　　崔和平指出，野外搜救要走专业化、产业化的模式，就要让保险业和救援机构合作。随着紧急救援保险产品的推出，当你遇险时，会有社会资源来救助你摆脱困难，保险公司会为此买单。这个观念不仅是要政府意识到，民间力量、社会公众也要意识到。

　　我也借此机会向政府有关部门提出了伤亡事件善后处理的五个原则建议，就是主动依法善后的原则；严格维护人权的原则；秉承国际认同的原则；尊重宗教民俗的原则；及时公布信息的原则。

　　至今虽然台胞董天群老人一直没有寻找到，随着时间的推移，家属们逐渐接受了这个现实。尤其是失踪人员家属、公众舆论普遍理解和认同全过程的搜寻活动，也没有因此出现不满、炒作、质疑、批评、被政治化等负面舆情。

　　案例总结：

　　这个案例再一次看到在一起公共事件中存在着诸多不同的利益相关者。当事人、政府、社会组织、志愿者、媒体以及关注事件的社会公众等多方面错综复杂的公共关系。对于救援活动组织者和政府部门的领导人来说如何平衡和协调好全局与局部，群体与个体，内部与外部等各方关系，避免矛盾升级为冲突，是重要的公共关系管理思维意识。

四、紧急救援公关

1. 何谓紧急救援

　　紧急救援就是当人们（个体或群体）在社会活动中遇到自身力量所不可抗力的困难或危险时，得到他人或社会力量所给予的救助和支援；是以从困境或危险中得以解脱为目的的特殊行为。所谓特殊行为就是指快速的、打破常规的、行之有效的拯救行动。

　　作为公共关系工作者研究危机公关必须要学习一些相关的专业知识，

多研究一些案例，储备一些有益的经验。在面对重大事件发生时能够快速进入角色，发挥作用，做出积极的贡献。这也是具有高级公共关系能力的职业素质体现。

紧急救援的三个重要环节：

（1）现场救援。对事故的快速反应，迅速行动。这包括第一现场对生命的拯救、伤亡人员的处置。任何专业的救援力量不可能瞬间出现在事故现场，有效的自救、互救这时显得尤为重要。专业人员抵达现场后首先要对伤员做好六项生命体征的判断，呼吸、脉搏、神智、血压、心率、血氧饱和度等，快速实施医疗抢救。

（2）在途转运。这是将伤员从事故现场向医院转运的高风险过程，主要是对伤员的生命体征实时监护、维持和观察，谨防在途死亡。

（3）院内救治。这是伤员抵达医院后所进行的进一步伤情诊断、抢救、治疗和进入康复期。

以上伤员救治三个环节都是十分重要而又互相紧密衔接的。尤其是第一个环节碍于各种客观条件的限制，往往对其后果影响最大，起着决定性的作用。

2. 重大公共事件生命拯救和善后处理的"七天效应"理论

事故发生后的第一周是生命拯救最关键的时期，尤其是前三天更加重要，通常也称"黄金72小时"。根据以往的经验，无论事故规模大小，无论类型如何，搜寻和拯救遇险人员的活动大致都是一周时间。这一周是事故处置的第一阶段，亦称为"事故发生期"，随后进入第二个阶段"事故善后期"。

事故发生的第一周往往是紧急救援工作最紧张的阶段，也是需要社会各界全力协同配合的时期，公共关系协调工作就会显得十分重要。因此我们有必要掌握一些规律性的基本知识，亦称重大事故生命救援的"七天效应理论"。

重大公共事件发生后第一周所涉及的十个风险期：

（1）生命自然存活的最大希望期。当人遇险，在能够保证呼吸的前提下，即便没有水和食品，生命维持期一般在一周时间。当然由于体质差异和环境因素影响也常有例外或"奇迹"发生。

（2）利益相关者博弈的最敏感期。重大事故发生后会产生很多利益相关者，其中包括遇险者、遇难者家属、受影响的群众、救援人员、政府、非政府组织、保险公司、蒙受损失的各类人员或组织、付出代价的机构以及承担责任的组织或个人等。

（3）生命拯救行动的最宝贵时间期。事故发生后的第一周是最具有实际意义的时间段，一般生命拯救的效果就取决于这一段时间的行动。经验表明无论是哪一种类型的事故、事件、灾难、灾害发生，涉及群死群伤的大规模救援活动基本上都是在一周内完成。亦称为"生命拯救期"。

（4）社会公众与舆论的高度关注期。重大公共安全事件发生往往也是社会公众最为关注的信息，一般情况下舆情发酵期就是在第一周，舆情达到最高峰。这段时间最易引发公众恐慌和秩序混乱，政府的社会管理工作压力最大。

（5）遇难者亲属最悲痛的时期。在公共安全事故发生后的第一周遇难者亲属往往很难接受失去亲人的现实，他们此时精神受到极大打击，行为失去理性，情绪极为焦躁。这段时间他们最需要的是精神安抚，而非物质所求。因此，在这一周里有关部门尽量避免主动与遇难者亲属谈及赔偿或补偿等涉及钱财的话题，更多是在精神抚慰方面给予关心和帮助。

（6）社会力量协调最紧张期。根据以往的经验，公共安全事故发生时救援技术环节并非最困难，而是在第一周内的社会力量、资源的协调、募集才是最困难的事情。这里包括医疗抢救、通信系统、交通运输、物资筹集、人员组织、社会动员、信息发布、媒体关系、司法调查、紧急疏散、戒严管制等诸多方面的统筹兼顾和有效协调。这是世界各国都面对的一个最大的难题。

（7）事故调查取证的最重要期。重大公共安全事件发生后，司法调查取证工作应该是与紧急救援活动同步展开的重要环节。因为随着救援活动的展开，一些现场会被破坏，重要证据会消失。一些重要的当事人可能会因抢救无效而死亡，失去线索。许多现场目击者会离散，而很难获取目击证人的帮助，这些对于事故原因和责任的判定都是重大的损失。因此要完善相关制度，重大公共安全事件的司法调查无须等待上级指示，而是依法主动介入。

（8）领导者责任的风险期。意外事故、事件的发生往往不以我们的主管意志为转移，而是事故、事件发生以后有没有快速反应的能力；有没有及时有效的紧急救援措施；有没有秉承国际认同的原则妥善处理好善后；有没有以一种开放的心态及时、透明地向社会公布信息则标志着是否成熟。尤其是政府主要领导人往往不是事故、事件发生的行为责任人，但是在事故、事件发生后表现欠佳而需承担起不可推卸的责任。

（9）控制事态发展最重要的主动期。事故、事件发生的第一周一定要加强事态管控，尤其是公共卫生事件发生，疫情发现后的第一周显得特别重要。一旦疫情扩散将会导致失控，造成巨大的破坏力。主动控制事态发展一方面是指对事故、事件本身的次生、衍生破坏力风险的及时、有效、严格地把控。另一方面也要注意舆情的引导和把控，不能失去话语权、公信力和影响力，否则也会因事故、事件的发生而产生具有极大破坏力的社会灾难。

（10）救援人员健康的异常蜕变期。公共安全事件发生时，救援人员的健康也是特别要关心和呵护的重要工作。从救援活动开始的第一天救援人员就进入了高度精神亢奋，体力高度透支，营养失衡的状态。目睹群死群伤的现场精神高度紧张、刺激。第三天开始往往会表现出心理和生理方面的反应，情绪波动，性格暴躁，言不由衷，行为控制力减弱等。第五天后症状更加明显，甚至可能会发生脱水、狂躁、幻觉、恐惧、情绪失控等精神紊乱性并发症状。

作为救援指挥员要以科学的态度组织救援活动，例如当人力资源充足的时候可以组建行动梯队或小组，分批轮换上阵。当人员紧缺时善于抓住瞬间机会让救援人员休整、补养、治疗，做到张弛有序。救援结束后不要忽略对救援人员的休息、体检、心理咨询等康复工作，尤其是创造条件让他们与亲属相处，都能够很快地恢复健康状态。

为了有效控制风险，防范次生或衍生事故的发生，公关工作人员一定要对"七天效应理论"有深入的理解，主动开展各项公关活动，发挥公共关系工作的协调、润滑、引导、组织、形象、智库等作用。

事故发生期主要注重三个环节的工作有序开展，一是组织自救。施救要及时，疏散要迅速，隔离要严密，控制要有效。二是立即报告。根据制度规定必须在第一时间向上级组织报告，向属地公安机关报告，向医疗机构报告，向相关家属通报。三是媒体沟通。向媒体通报情况要及时，接待记者采访要耐心，对外发布要主动，检索舆情要密切（图5-4）。

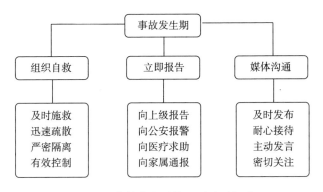

图 5-4　事件发生时的三项重要行动

　　事件善后期也要注重三个工作环节，一是配合事故调查。目的是找出事故原因，厘清责任，总结经验教训。还有就是责任的承担，涉及赔偿、保险、法律诸多环节。二是慰问安抚工作。对事故中罹难者遗体的祭奠、处理，对伤员的慰问和治疗安排，对家属的抚恤、慰问、安抚、善后等。三是开展灾后恢复工作。其中包括引导舆论，恢复形象；对相关人员的心理辅导工作；建设方面的修复和改进等（图5-5）。

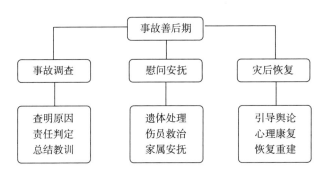

图 5-5　善后处理时的三项重点工作

　　无论是事故发生期还是事故善后期，都涉及与各类人员和组织的沟通、协调工作，也是开展公共关系工作最重要的时期。如果在全流程都能够有出色的表现，即便是面对重大灾难也能够做到有序不乱，否则可能会因一些矛盾、纠纷引发冲突、事故、事件，而且久久得不到解脱，组织可能会长时间陷入这种窘境之中而无法自拔。

3. 如何处理伤亡事件

"3·22"旅游空难事件

1994 年 3 月 22 日 15：30 长江丰都县高家镇水域"平湖 2000 号"豪华旅游船上起飞的 R44 旅游直升机升空 6 分钟后坠江，造成我国台湾一位游客罹难、一位导游失踪；一位大陆导游失踪，直升机驾驶员受轻伤。R44 直升机系美国罗宾逊直升机公司制造，可乘坐 4 人，失事直升机刚刚引进，飞行仅十几个小时。

事件处理过程和结果得到我国台湾罹难、失踪人员家属的满意，事后家属及旅行社对大陆各方表示感谢。

通过这个典型案例分析了解重大事件发生后的救援和善后工作的每一个具体工作环节并进一步认识公共关系工作所发挥的作用。

（1）谁出事谁善后、谁接待、谁出资、谁负责。在以往的经验中我们看到，一些企业为了谋取利益视安全制度、法规而不顾。每当涉及生命安全的重大事故发生时，往往事故的责任企业负责人抱着"死猪不怕开水烫"自认倒霉的态度听天由命。而政府却出现在事故现场组织开展一系列救援及善后处理工作，处于责任风险的风口浪尖上。

"3·22"旅游空难事件发生，我受亚洲国际紧急救援中心授权赴现场负责组织协调救援活动。行前我在北京向国家旅游局及相关政府部门建议，这一次涉及台湾同胞的救援活动政府不要直接出面指挥并与台胞家属接触，而由事故责任单位出面处理，政府给予协调、帮助和保障。

当接团社北京长城旅行社、湖北省平湖旅游船公司、安阳航空运动学校等事故相关责任单位领导得知政府不会出面时顿感不知所措。救援活动怎样展开？家属接待谁来做？善后处理该怎样办？所发生的费用哪里来？……一系列的问题困扰着他们，压力极大。

我鼓励事故相关各方立即行动起来，勇于面对现实，以积极的态度投入到救援善后工作中去。我建议他们成立三个工作组，一个组由湖北省平湖旅游船公司负责，开展打捞救援活动；另一个组由北京长城旅行社负责伤员救治和家属接待工作；第三个工作组负责调查事故原因，收集有关信息、资料、证据。并且请他们三方立即筹集30万元现金，作为家属接待和前期工作的经费。

政府不出面了，家属就要抵达了，一切都要自己面对了。无路可退的三位企业负责人几个小时后纷纷抱着十万元现金回来了，重庆市旅游局保卫处吴宗良处长被我"抓差"做了临时财务总管，负责资金管理。

一次由重庆市旅游局和亚洲国际紧急救援中心指导，事故责任单位自行开展的救援及善后工作迅速展开了。这在中国旅游安全事故处理的历史中尚属首次尝试。

第一小组把长江打捞公司、海军潜水专家、渔民打捞力量都动员起来，发挥各自特长参加到落水失踪人员和直升机寻找、打捞工作中。

第二小组对遇难、失踪人员家属接待工作也有序展开，机场迎接、酒店下榻、介绍情况、精神安抚、赴事故现场水域招魂、殡仪馆认尸、祭奠超度、遗体转运、理赔磋商等工作复杂而有序不乱地展开了。

第三小组到现场寻找打捞到一具尸体的渔民。继续寻找事故目击者。到医院慰问受伤驾驶员并了解事故情况。采集各种事故相关信息和证据，向中国民航总局等管理部门汇报情况，接受审查。与直升机进口商沟通，联络美国罗宾逊飞机制造公司等工作也紧张地开展起来了。

这些企业领导都明白，遇到这样的事故，不可能推卸一切责任，但也不一定是法律意义下的直接肇事责任人，现在能够尽其所能努力表现也是一种责任担当。他们的工作效率极高。

（2）政府的角色定位就是监督、调查、协调、保障、配合、依法追究责任。国家旅游局给予了我工作上的极大支持，重庆市旅游局派员与我合作建立了协调指导组，具体指导和协助责任企业各方开展各项工作。在责任相关方、政府、家属之间充当协调人的角色。公安部指示四川省公安厅派员全程配合工作。重庆市政府台办积极协调当地各方关系，支持这次事故的救援和善后活动。

在善后处理过程中最复杂、最困难的就是责任纠纷的排解。我作为亚洲国际紧急救援中心授权代表要以十分特殊的第三方身份发挥作用。

在事故相关各方负责人与遇难者家属面前我首先说明遗体的处理权问题。根据国际法律公约和惯例，遗体的唯一处理权人是直系亲属，任何组织、机构未经亲属同意都无权对遗体做出处理决定。因此这次找寻到的一位罹难者遗体的处理要尊重家属的意愿，大陆各方不要提出任何其他建议或要求。

公安机关应该履职及时出具事故和人员死亡（失踪）证明文件。根据"汪辜会谈纪要"约定所有涉及法律效力的资料必须进行公证，公证文件需要经过"两会"①认证，这是为了便于遇难者家属在当地凭借这些文件处理户籍、保险、继承、赡养、债权、债务等善后事务。在家属接待中尽量满足他们所提出的合法、合理的要求，主动比被动好，尤其注意不要随意推诿。

对于家属，我以客观、公正的立场介绍了责任认定和索赔程序。首先就是要面对这次空难事件所造成的一位游客死亡，一位导游失踪的现实。在调查工作没有完成和调查结果没有形成以前都不能确定谁该为这次事件承担主要法律责任。因此，家属应该以组团社南星旅行社为第一法律责任方，向其提出权益诉求。南星旅行社则向接团社北京长城旅行社、平湖旅游船公司、安阳航空运动学校甚至卓诚实业公司（直升机贸易代理）、罗宾逊飞机制造公司提出共同连带法律责任诉求。以此让家属们详细了解到事故所涉及的所有责任相关方和关系，才好选择以调解或诉讼方式以获得满意的处理结果。

家属们清楚了法律程序和责任关系后从开始的情绪激动和非理性要求，逐步转变为理智、冷静、讲道理，要求不过分的有效沟通。

这次事故处理过程涉及许许多多的政府部门和社会机构，其中包括：国家旅游局、公安部；四川省旅游局、四川省公安厅；重庆市政府台办、旅游局、公安局、检验检疫局、海关、民族宗教事务管理局、民政局、殡仪馆；长江打捞公司、海军某部、西南航空公司、重庆市公证处；涪陵地区公安局；丰都县政府、县公安局、县医院、县旅游局、高家镇政府、镇

① "两会"既台湾方面的"海峡交流基金会"（简称"海基会"）和大陆方面的"海峡两岸关系协会"（简称"海协会"）。

派出所、镇卫生院等诸多部门和相关机构。

在事故处理的过程中政府的角色和职责定位是监督、调查、协调、保障、帮助、依法追究责任。角色和职责非常分明，避免了意外事件由于政府介入后的决策失误导致政治化。一改过去企业肇事政府善后的做法，这次是谁出事谁负责；谁善后谁出钱。

（3）优先国际认同原则，特事特办，灵活处理。"3·22"旅游空难事件涉及台湾同胞到大陆旅游遇险死亡和失踪，鉴于两岸关系和遇难者家属的要求，就要采取特事特办，灵活处理的工作策略。据了解这些台湾同胞祖籍是闽南人，我知道闽南人遇到这样事情发生的民俗习惯，就把这些经验提前告知接待小组主动做好相关准备。因此家属抵达重庆市第一件事情就是迅速安排快船沿长江顺流而下，送家属们到重庆下游的丰都县水域事发地。

此前，已经通知打捞船做好家属接待准备。提前在甲板上摆放了台案、香火、贡品。舷梯附近的甲板上堆放着从江底陆续打捞上来的直升机机舱门、旋翼、残骸和一些杂物。远远望去，潜水员们仍不放弃地在江面上时隐时现进行打捞作业。这些安排都是考虑到满足家属们的精神需求并能够给予他们一些心灵上的安抚。

在直升机失事地点台胞家属们登上打捞船祭奠

崔和平摄影

在家属们登船祭奠时，我同台湾南星旅行社代表在丰都县城上岸，到殡仪馆辨认寻找到的尸体，核对并纠正了死者的身份。协调县政府和公安局帮助将尸体迅速转运到条件更好的重庆市殡仪馆进行遗体处理，争取宝贵时间，不使遗体腐烂，做好出境转运准备。台湾旅行社的代表把看到的这一切如实转告给台湾家属一行。这位台湾旅行社的代表非常配合我的工作，顺利说服家属直接返回了重庆，给丰都县政府减轻了接待压力并避免了一些节外生枝的可能。

重庆市民政局协调重庆市殡仪馆连夜进行尸体防腐处理和整容，按照我们提出的要求打造内层白铁皮、外层木板特制的防渗漏双层棺木，以符合航空运输要求。

根据证件照片，迅速制作了死者的遗像。根据早餐闲聊时死者丈夫向我提供的信息，为遗体穿上了生前喜爱的红色上衣，黑色裤子。殡仪馆布置了肃穆的灵堂，鲜花翠柏周围几十个花圈上都挂上大陆各有关部门送的挽联。

在重庆市殡仪馆按照台胞习俗举行隆重的祭奠仪式

崔和平摄影

重庆市宗教事务管理局安排严华寺方丈释心月会见家属，听取他们的要求，了解台湾的习俗，并且亲自率八位弟子到殡仪馆主持隆重法式，咏经超度亡魂。法师们身后跟随的是家属及重庆市政府和各有关部门的工作人员，大家都以同样的悲痛心情悼念罹难者。家属们也为大陆各界朋友们的真情所为感动！

（4）社会各方有效协作，形式为效果服务，主导事件发展。这次事故处理从事发到家属离境仅用了九天时间，而且家属们满怀对大陆相关部门和援助机构的感恩之情。他们临别时流着眼泪说："我们在台湾都是普通的百姓，如果遇到这样的事情也无力把后事办得这么好！大陆的同胞好！感谢大家！"后来据说家属回到台湾还在当地报纸刊登广告鸣谢大陆各有关部门呢！

这次事故的处理是一次非常成功的公共关系实践，开创了紧急救援新模式，总结了宝贵的新经验。我们秉承形式是为效果服务的思维，不拘泥于传统的工作方式和经验，即便遇到一些制度界限模糊的事情需要做，也会通过与有关部门的有效沟通，得到理解和支持，从而特事特办，最终取得最佳的效果。

本章小结：

意外事件的发生往往不以我们的主观意志为转移，而在于在事件发生后我们有没有快速反应的能力？有没有行之有效的紧急应对措施？有没有秉承国际认同的处理原则？有没有按照法律和尊重文化习俗开展善后工作的意识？有没有追求最佳效果的细节思考？有没有以开放的心态，把所做的一切告诉给关注事件的社会公众？尤其是越快越好告诉给遇险者的家人。在这一事件的处理过程中谁出事谁善后、谁接待、谁出资、谁负责的经验一改企业肇事政府负责善后的做法，由肇事企业承担起相应的责任。政府的角色是监督、调查、协调、保重、配合、依法追究责任。

以上这些认识和行为都考验着我们是否成熟，考验着我们驾驭全局的应变能力，也是出色的公共关系能力和工作效果的展现。

第六章

公 关 文 化

一、什么是文化

人们经常说到文化，那么什么是文化呢？美国社会学者桑德拉·黑贝尔斯和理查德·威沃尔认为："文化是受共同的历史、地理环境、语言、社会地位、信仰等综合因素影响而建立认同的社会群体所创造和共享的价值观；是传统习俗、社会及政治关系、世界观的群体表现形式。"①

文化的外延非常大，涉及社会的方方面面，也表现在人们生活中的每一个环节，几乎所有的社会管理、意愿、目的、认识、生活、学习、工作等但凡涉及人的社会行为和意识形态领域都会受到文化的影响。

组织管理自然不可忽略文化的影响力，并且善于把自然的文化现象转为主动的文化管理，营造健康的组织文化环境也是提高竞争力的一项非常重要的管理职能。公共关系工作是组织文化管理的重要组成部分，密不可分。公共关系工作做得好坏体现着组织文化的管理能力和水平。

组织文化是组织在长期的实践活动中所形成的，并且是组织成员普遍认同和遵循的具有本组织特色的价值观念、工作作风、行为规范和思维方式的集体行为意识。

组织文化体现了组织全体成员共同接受的价值观念、行为准则、团队意识、思维方式、工作作风、心理预期和归属感等集体精神。

组织文化是对外适应环境，对内增强凝聚力过程中形成的一种自觉的行为方式。这一方式被认为是行之有效的，并将作为理解、思考和感觉事

---

① 美国社会学者桑德拉·黑贝尔斯和理查德·威沃尔二世所著《有效沟通》。

物的正确方式被传授给组织新的成员。

一个具有坚强竞争力的组织，不仅表现在维系外部良好的公共关系，也要重视组织内部公共关系的品质，亦称组织建设。因为这是决定一切的基础。在管理变革中如何使组织内部人员之间、部门之间、岗位之间建立起相互的服务关系，彼此既是"上帝"，又是服务者，组织内部新型关系的建立必然会导致整体生产力关系的重大改变。而唯一能够实现这一改变的手段就是强化文化影响力。

组织文化是改变传统模式、习惯作风、行为方式的思想飞跃，是确保国家长治久安、社会和谐稳定、组织可持续发展的思想意识。

组织文化的普及与教育关系到全社会生产力关系、价值观的转变，关系到国家"软实力"①的增强，是社会发展中意识形态的哲学思考。

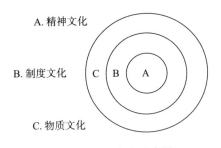

图 6-1 组织文化示意图

组织文化的内涵主要表现在如下几个方面：

思想性——有品位、有境界、有哲理、具有高位指导性。

可见性——实实在在，有形有物，容易被组织成员所认知。

多样性——团结、进取、文明、竞争、务实，具有广泛推广意义。

共识性——建立能够有效沟通的理念。

组织文化的最外层往往是物质方面的体现，中间一层表现在制度建设方面，而核心层是最重要的精神文化。这就是组织文化的三个内涵之间的逻辑属种关系（图 6-1）。

30 年前英国首相撒切尔夫人离任后曾经说过："中国不会成为超级大

---

① 美国哈佛大学肯尼迪政治学院院长约瑟夫•奈教授于 20 世纪 80 年代首先提出这个概念。

国，因为中国没有那种可以用来推进自己的力量，从而削弱西方国家的具有国际传播影响力的学说；中国出口的仅仅是彩色电视机而非思想观念。"她所说的思想观念就是特指文化影响力。

1987 年初春北京大学冯友兰教授在北大未名湖畔寓所与我的一次交谈中曾语重心长地说："哲学家的伟大就在于他的理论一经被传播就能够被不同民族、不同国家、不同信仰、不同社会背景的人民所认同、所接受，从而影响和改变着社会。"所以很多人都认同文化是一个国家的软实力，文化同样也是组织的软实力，文化更是组织的灵魂。

二、如何建立组织文化

驱使组织变革和重视文化的动力源于"3C"原则：顾客（customers）、竞争（competition）、变化（change）。

那么具体地说组织文化该如何建立呢？这里介绍六种十分有效的方法：

（1）正面灌输法——借助教育、宣传、研讨、会议等形式，向组织成员灌输组织文化的目标与内容。

（2）规范法——通过制定体现预期文化要求的制度和规范体系促进与保障组织文化建设。

（3）激励法——运用各种激励手段激发组织成员，以营造良好的组织精神氛围。

（4）示范法——领导者率先垂范、行为暗示及先进典型的榜样作用，影响全体组织成员。

（5）感染法——通过组织成员之间的交往、互动，形成感染传播效应，以形成文化行为模式。

（6）实践法——在工作实践过程中培养组织文化。

组织内部的公共关系工作怎样表现出文化特色呢？在这方面有一个非常重要的理论必须理解，就是沙因文化维度关系理论。① 这个理论被学界和组织管理者普遍认同。

---

① 美国麻省理工学院埃德加·沙因（Dr. Edgar H. Schein）所提出。

沙因教授提出了文化在五个维度方面的关系，既环境与人的关系；真实与现实的关系；组织与人性本质的关系；自由意志支配与命运支配人的行为关系；人与人之间的关系。

综合沙因教授分析的这五个关系，对于组织文化来说其最终绩效是表现在组织与国家、社会和公众的健康关系。

公共关系工作的具体思路是以价值观、信仰、理念和行为准则为基础的精神倡导，积极参与组织文化建设，建立起组织多数成员都能够接受、认同、寄托的理想和价值观。通过丰富的公关形式处理好组织与个人之间的关系，充分彰显集体的道德标准和人格魅力。积极把组织建立的文化传播给社会，扩大影响力，让广大公众了解组织的信仰和理念，从而建立起信赖与忠诚的关系。在组织发展的全过程中处处以实际行动体现组织的社会责任，塑造良好的形象，缔造永恒的品牌。

三、杜邦公司的企业文化

美国杜邦公司的企业文化是建立在发展与环保关系的哲学思考之上的。杜邦公司倡导的企业文化是"注重安全、重视人才、保护环境和提倡良好的职业道德"。这也是全体杜邦公司员工所共同恪守的企业价值观。

在这样的一个文化理念下所建立的一系列制度、规定、标准、要求都必须符合企业文化的价值观原则，成为员工们的自觉行为意识，且易被社会所接受。

让我们了解一下杜邦公司这一美国私人企业的发展史，会有助于我们对组织文化的研究、思考、比较和借鉴其成功的经验。

1788 年，16 岁的 E. I. 杜邦在法国埃松省的化学家安东尼·拉瓦锡实验室当学徒并很快掌握了火药生产技术。

1802 年 E. I. 杜邦从法国移民到美国特拉华州后，在白兰地酒河边买了一块地，开始建造他自己的火药厂。7 月 19 日公司首次发行股票 18 股，每股 2 000 美元，共集资 3.6 万美元。

1804 年 5 月 1 日，E. I. 杜邦开始生产并销售火药，并迅速把产品推销到世界，这就是杜邦公司 200 多年前的发家史。

1935 年杜邦公司的研究人员杰拉尔德·伯切特和华莱士·卡罗瑟斯

发明了尼龙，一种新的"合成真丝"。经过多年的开发，终于在 1939 年纽约世界博览会上向公众展示了尼龙产品。1946 年第二次世界大战结束后，杜邦公司恢复了曾受战争影响而中断了的尼龙生产，当百货店开始销售这种尼龙材料制作的光滑长筒袜时，女士们为了购买它而排起了长队，甚至几乎到了疯狂的程度。

杜邦公司如今已经是全球化工科技产业的"巨无霸"，并以创新产品和服务涉及农业与食品、楼宇与建筑、通讯和交通、能源与生物应用科技等众多领域，成为多元化的现代产业集团公司。

谈到火药就会让人们想到安全，讲到化工就会使人联想到对环境的破坏。就是这样的高风险行业，杜邦公司却以哲学的理念建立起影响行业乃至世界的企业文化，成为大型国际企业集团公司的成功典范。杜邦公司的许多制度和标准引领了国际行业标准化体系的建立，被各国许许多多科研、生产型企业所成功借鉴。

"本人提倡企业环保哲学，这是一种态度与行动的承诺。促使企业的环保管理完全符合公众的愿望。"这是伍立德董事长所执着恪守的管理理念。伍立德董事长一贯倡导企业环保哲学，呼吁全球实行可持续的发展战略。

杜邦公司与中国的贸易往来可以追溯到 1863 年与清王朝政府做的第一笔火药生意。伍立德董事长在 1991 年 5 月第一次访华期间曾站在上海外滩黄浦江畔的联谊大厦楼上久久凝视着远处一座低矮的灰色老旧建筑，他似乎沉浸在历史的回忆之中。当他看到站在一旁的我，挥挥手叫我到他身边，指着那座建筑对我说："真没有想到近百年的沧桑，这座建筑仍然还在！那是当年杜邦公司在中国设立的第一家商社。"我顺着伍立德董事长的手势望过去，看到了！那就是历史的见证，就是 1920 年杜邦公司在上海设立的代办处所在地，不过那时杜邦公司与中国做的是火药贸易。

20 世纪 20 年代杜邦曾在上海设立办事处和化学实验室。80 年代杜邦再次来到北京、上海、广州、深圳设立办事处，创办独资企业。1985 年杜邦公司北京办事处正式成立。1986 年杜邦公司上海办事处正式成立。

今天杜邦公司又在浦东矗立起一座农化联合体。历史轨迹的延伸证实了伍立德董事长"环保是经济可持续发展的保障"这一哲学思想。人与自然相互依存，人类只有一个共同生息的空间，用心保护环境至关重要。中

杜邦公司看好与中国的合作，1991 年 5 月在上海浦东经济开发区投资建厂

崔和平　摄影

国幅员辽阔，人口众多，其经济发展对整个地球都会产生重大影响。作为跨国企业的杜邦公司有责任与中国携手合作共同发展，对区域环境进行改造，杜邦公司与中国的合作是事物发展的必然，目前杜邦公司在中国经销工程聚合物、农产品、包装材料、纤维、化学品。基于杜邦公司的企业文化和环保理念已经成为家喻户晓的品牌，因此在中国各地的投资项目都受到了当地政府和公众的欢迎，企业与人，人与自然和谐相处，企业得以顺利发展。

四、职业公关人的修养

我们对组织文化的价值认识越发深刻，也就对参与组织文化建设的公共关系工作人员的素质要求就越发提高。我们可以对每一位工作人员的职业素质划分出几个不同的评价等级，亦称"金字塔"等级，从而十分容易地评估每一位员工的基本素质（图 6-2）。

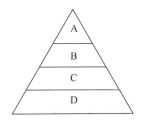

A.有哲学思想

B.有知识内涵

C.有表达能力

D.有一份工作

图 6-2　公关职业人素质等级

D级是普通的从业人员。也就是一位被安排到公共关系工作岗位的员工，他（她）仅仅是一位普通的工作人员而已。

C级是有表达能力的人。这位员工对自己的思想、思考能够有比较好的表达能力，能够清楚地向别人陈述自己的意思，并且有较强的沟通能力。

B级是有知识内涵的员工。现代组织需要技能型的专业人才，更需要的是具有复合型知识的人才。由于公共关系工作的特殊性质，工作人员的知识结构和知识层次就显得尤为重要。平时积累的跨学科、跨专业的知识、经验越丰富，其工作智慧就越凸显，面对更多复杂事务的处理能力就越强。

A级也就是最高一级，是富有哲学思想的工作人员。这类人才对组织发展具有前瞻性，对问题分析具有辩证认识，在危机中能够看到机会，在不利中发现有利。在成就面前会居安思危，从不居功自傲，个人修养极好。

如果问汉字中哪个字最难写呢？我会说是"人"字，而且从小至今也没有写好这个字。

中国汉字经历了几千年的历史发展和文化变革，从最早的甲骨文、金文发展到小篆、大篆和现代的隶属、楷体、行书以及繁体字和简体字，人字一直就是由两笔画组成的字。古人造字最早就是以一个站立的人形为字形，象形文字就是以形表意、造字。我认为人之所以不同于其他生物最大的差别就是有两条命，一条命是父母所赐生理意义上的生命，而另一条命则是后天培养的精神生命。

这两条命具有了人不同于其他生物的生命特征，也就是人字的一撇一捺的表意。这两笔表示出同时具有生理生命和精神生命两条命才是人，才能够站立起来。如果人的两条命都健康就可以在人上加一笔，就是"大"字，能做大事。如果人的两条命非常健康则在大字上再加上一笔，那就是"天"字，能做天大的事情。一撇一捺相互依托、相互影响、相互作用，密不可分，这就是"人"字的生命意义所在！

古人云：万物之最灵者曰人。立人之道曰仁与义，仁者人也。我们对组织公共关系工作人员素质的划分就要有一个评估的标准，重视人的素质提升，就是重视组织竞争力的提升。

公共关系工作人员价值观与性格模式也是决定组织成功的要素。什么叫作价值观呢？简单地说，那就是每个人判断是非黑白的信念体系，是他引导我们追求所想要的东西。我们一切的行为，都在于实现着自己的价值观，否则就会觉得人生不全，没有意义。

例如，在酒吧的消费者说："我喝酒是为了消遣"。而推销员会说："我喝酒是为了赚钱"。同样是喝酒，消费者与推销员的价值观各异。价值观是最终的裁决者，决定哪些事我应该做，哪种事我不能做。

总结以上观点并从不同职业的角度看公关人是人群中的另类。首先要求公关人是具有复合型知识的人才。职业公关人要培养自我人格魅力，不树敌、不对抗、不回避。职业公关人还要具有战略与策略思维能力，工作能力强，势在必得，开拓进取，有不断开发自我潜能的进取意识。

普通人把职业看作是赖以维生，获取劳动报酬的一份工作。而公关人的境界就是能够把本职工作视为艺术去追求！但凡进入这样的一种境界，就会永无止境，永不自满。犹如在艺术家的眼中，对自己的作品感到永远存在瑕疵，永远不会感到满意，永远没有完美。

职业公关人在性格和行为修养方面成功的十个影响要素：

思考——善于思考。与众不同的角度看问题，标新立异的见解。

自制——自我控制。在任何情况下都能自我控制情绪，调整心态，不冲动，保持理性。

信心——充满自信。言必行，行必果，勇于挑战。

爱心——善良友爱。对人真诚，热心，助人为乐。

好奇——勇于探索。对新颖、未知事物充满想象和探索精神。

热情——温馨大方。给人以亲热、友诚、礼貌的良好印象。

毅力——不畏困难。不轻易放弃，执着、勇敢、坚持。

快乐——乐观向上。工作、生活充满活力，激情四射。

奉献——热衷公益。不求索取，乐善好施。

牺牲——精神饱满。树立正确人生观和价值观，坚定信仰，勇于付出。

职业公关人重要的两个职业理念一定要牢记。第一个理念是组织的

"社会资本"。这是一个组织健康生存和持续发展的非物质"本钱"。理论内涵：组织内部员工之间，组织外部各种社会关系之间要努力建立起彼此的诚实关系、共识关系、信任关系、可协调关系、互让关系和共同的法制关系。

组织的社会资本越雄厚，组织运转就越顺畅，越有效率，内外关系越和谐。实现这个理念的重点在三个方面的工作，一是企业制度的设计与建立；二是注意积极参与社会环境建设；三是时刻想到各方利益关系人，处理好各方关系。

第二个理念是"软实力"（soft power）。这是由美国学者约瑟夫·奈（Joseph S. Nye）首先提出的。软实力是"一个以思想和价值观的吸引力影响到其他国家的能力"。

其理论内涵是强调主流价值与主体意识形态之间的辩证关系。作为组织来讲就是如何认识软实力和怎样建立软实力。

职业公关人的人格标准是非常高的，品德、学识、能力三者之间互为影响和作用。因此自律精神也要非常明确，那就是要清醒地认识到德薄而位尊，识少而谋大，力小而任重，为职大忌也。

五、公益与慈善事业

什么是公益事业？

公益是针对社会、公众、环保、生态、资源等突出问题的解决，为实现社会发展进步以唤起人们的意识、觉悟、爱心、奉献为目的，由国家所倡导并动员社会志愿者参与的，由非政府组织响应并开展的非营利性公共计划、项目、活动。公益事业的受益者是广义的人民。

什么是慈善事业？

慈善是具有一定经济条件或行为能力的公民出于信仰、善良、道义、爱心对社会弱势人给予的关怀、爱护、资助、帮助的社会奉献。慈善是社会文明程度的体现，是受到国家鼓励，社会尊敬的公民行为。这种行为既可以是自然人行为，也可以是组织行为。慈善活动的受益者往往是个人或特定的社会群体人。

公益与慈善是两个内涵不同的概念，公益与慈善是组织的一个大舞台。积极参与公益与慈善事业对组织的意义在于：

1. 体现社会责任

组织在发展中把社会公益和慈善纳入公共关系管理规划，在力所能及的条件下积极参与社会公益事业和慈善活动是社会责任的体现，是成熟组织的标志。

世界上但凡成功的政府、企业、非政府组织无不关注着社会公益事业和慈善活动，但凡取得成就的企业家一定也是热心公益事业和慈善活动的社会活动家，受到社会的尊重与赞美！

2. 培养员工爱心

组织积极参与社会公益与慈善活动不仅仅是一种捐赠和奉献的行为，也是搭建一个让员工有机会参与其中的活动平台。组织鼓励员工积极参与社会公益事业和慈善活动，也创造了一个陶冶道德情操，体验社会生活，改善劳资关系，培养员工爱心，倡导团结精神的最有效管理模式。

3. 各界精英荟萃

在社会公益与慈善大舞台上会聚着各界成功企业和精英人士，这是非常宝贵的社会公共关系资源。在这里超越了生意场上的利益角逐，大家都在一个共同的环境中向社会奉献着自己的爱心和责任，充满了组织可持续发展的机会和良好的个人自我提升的环境。在这种环境下群英荟萃，彼此学习，彼此激励，互相帮助，不掺杂任何私利和杂念。参与的过程也是心灵净化和精神释怀的享受，愉悦感非常强烈。

4. 沟通政商关系

企业积极参与公益与慈善活动也是对政府社会治理的有力支持和责任分担，是改变社会精神面貌的体现，是构建社会和谐关系的贡献。同时，也是引起政府关注和增进彼此了解的极佳契机。社会非政府组织是促进政府与企业建立互信、互利、互惠关系的重要纽带，公益慈善组织与各界商会、协会、联合会建立长期合作关系可以动员更广泛的公众参与到社会公益和慈善事业中来，成为具有强大生命力和凝聚力的社会形态。

5. 塑造企业形象

企业积极参与公益与慈善事业会获得完全不同于产品与服务品牌的另类价值，就是赢得社会公众的喜欢、赞赏、尊敬与信赖。这是企业的社会公共形象，这种形象也会对企业产品、服务或品牌印象产生潜移默化的重要影响。

除此之外，政府非常鼓励企业积极参与社会慈善和公益事业，《中华人民共和国公益事业捐赠法》、《中华人民共和国慈善法》不仅仅对公益事业和慈善事业做出法理的行为界定，并且以法律形式规定了参与公益事业和慈善事业的组织和个人的责任、权利和义务，还明确规定了国家鼓励的政策。

一个热衷和活跃在社会公益和慈善事业大舞台的企业，一定也是具有社会责任感和充满爱心的企业，从而也会受到社会公众的尊重。

6. 化干戈为玉帛

当今人类存在着贫富差距、种族歧视、性别歧视、权贵腐败、特权垄断、分配不公等出自人类自身劣根性导致的社会分化。由此滋生了不同社会阶层人们之间的彼此仇视、愤恨和对立，导致社会动荡不安。公益与慈善事业在化解社会矛盾，调节社会关系，构建社会和谐等方面能够发挥无可替代的特殊作用，用爱化解仇恨。

拥有 2.8 亿人口，被称之为"万岛之国"的印度尼西亚是一个非常典型的国家。这个国家约有 300 多个民族及 742 种语言及方言。法定宗教有伊斯兰教、基督教、天主教、印度教、佛教及儒教，86.1％人口信奉伊斯兰教。华人是影响力最大的少数族群，仅占 3％的人口却掌控着七成以上的国家经济财富，这成为当地社会严重的政治问题。因此也造成历史上多次发生针对华人的种族杀戮。人们对国家的认同感体现在强烈的惟社会、宗教及族群的地区身份上。

印度尼西亚许多华族企业家好善乐施，秉承口说好话、身做好事、心发好愿，以及人心净化、社会祥和、天下无灾的理念。他们饮水思源积极奉献，热心推动爱心公益事业。印度洋大海啸、中国汶川大地震、2003年"非典"疫情、2019"新型冠状病毒肺炎"疫情……在灾难时期总是随处可见印度尼西亚华人大爱赈灾的善行义举。"取之于社会用之于社会"的商道，许多私人企业家身体力行努力使家族企业逐步转变成为社会企业。

1998 年 5 月 13 日至 16 日发生在印度尼西亚棉兰、雅加达、梭罗等城市一系列针对华裔社群的暴乱持续了三天，数万名华人受到有组织的虐待与杀害，这就是印度尼西亚历史上记载的"黑色五月暴动"。当时印度尼西亚正在经历"亚洲金融风暴"的动荡时期，华族和原住民之间存在严重贫富差距，土著人把目标瞄向了相对富裕的华人，加之一些势力的背后怂恿、煽动导致事件的发生。

此时的华商企业家们意识到了事态的严重性和诱发原因，在一些有影响力的企业家引领下，越来越多华商企业家积极通过商会组织开展爱心行善的活动。这些华商企业筹集了大量的食品、生活用品发送到贫苦的群众手中。努力创造就业机会帮助他们改善生活。2002年2月雅加达受暴雨影响引发洪灾，不乏许多知名企业家亲自参与赈灾活动，以慈善组织的志愿者身份带领员工们上街清扫垃圾、施工疏通河道、防疫消毒，治理水患。他们还支持慈善组织征召多国医务志愿者到印度尼西亚开展义诊活动，为灾民建设"大爱村"让众多贫困家庭有了新的居所，建学校、建医院这些善举都受到当地民众的普遍欢迎。还有一些企业每年都要采购大米等生活必需品通过慈善机构向生活困难的群众发放，让贫困家庭受益。2004年印度尼西亚苏门答腊岛发生9.1级地震引发印度洋大海啸，印度尼西亚华商积极响应慈善组织的号召投入到赈灾活动中，为印度尼西亚社会做出重大贡献。

爱撒人间，普惠大众，印度尼西亚华商的行为得到了政府、军队、警察的支持，有效地改善了印度尼西亚社会族群关系，同时也为企业营造出良好的可持续发展环境。

2020年1月，在中国发生"新型冠状病毒肺炎"疫情时，印度尼西亚一些在华投资企业当日就积极响应中国侨联倡议，立即捐款捐物，支持抗疫救灾活动。印度尼西亚华商在世界各国积极参与当地国家公益慈善活动，把爱心奉献给当地社会，所到之处都成为最受欢迎的企业。

目前在印度尼西亚一些城市的慈善组织在各界华商的支持下建立起超过百万人的志愿者队伍，对社会弱势人群的关爱行动已经成为常态和社会文化，深入人心。用爱心化解仇恨似乎是改善社会关系，增进不同族群相互了解，完善社会治理体系的有效良策。与此同时，在实施共建"一带一路"倡议行动中，中国企业走出国门在各国寻求合作发展中如何积极参与当地社会的公益和慈善活动成为一个不容忽略的、十分重要的公共关系管理课题。

本章小结：

这一章的重点是如何建立组织文化、组织文化管理以及对管理者素质的评估方法。分析了组织文化与公共关系工作之间的关系。提出了在组织文化建设中公关人的角色，应该做组织文化的缔造者、宣传者、践行者、管理者、变革者。最后特别引入了公益与慈善事业与组织发展的关系论述以及典型案例的介绍。

第七章

公 关 案 例

第一例　新加坡、印度尼西亚首届中国电影展

电影是我从小的最爱，但是却从未奢望过与电影人结缘。然而，我在新加坡定居多年感到在当地很难看到中国大陆的电影。新加坡人是非常喜欢看电影的，尤其是年轻人尽管家中有线电视、DVD 已经非常普及，还是替代不了他们端着一包爆米花、拿着一杯可口可乐在舒适、凉爽的影院观赏电影那番享受生活的滋味，这已经成为当地年轻人的一种生活时尚。

新加坡政府鼓励国民学习华语，掀起了轰轰烈烈的"讲华语运动"。看电影是最好的语言学习方法，为什么却看不到中国大陆制作的主流电影呢？新加坡每年都会举办各种主题的国际电影节，偶尔能够看到的也是寥寥可数的几部华语影片。而最常见的是中国港台华语片。

带着这个好奇和疑问我向新加坡的朋友们询问原因何在？没有人能够说得清楚。后来辗转通过新加坡电影协会和新加坡新闻及艺术部电影委员会的朋友才得知是由于两国之间缺少电影界的交流和沟通渠道，没有人去做这方面的事情，而非其他原因。

我对新加坡电影主管部门的官员们说："主流电影反映的是中国人的现实生活、思维方式或中国社会的实际现状。新加坡人要想了解怎样与中国大陆的官方或民间打交道、做生意、搞合作，看大陆主流电影是一个很好的途径。"

那时我也看到当地的年轻一代热爱表演艺术，新加坡却没有一所正规的电影艺术院校，如果我能够帮助新加坡把大陆的电影演员、导演、教授请到新加坡来，举办电影展的同时再举办几场报告会介绍中国电影产业和

电影艺术教育那该多好呀！我就是抱着这样单纯的想法，无意中闯进了影视圈，在新加坡与中国之间穿针引线策划了这次史无前例的中国电影展。

中国国家广播电影电视总局电影事业管理局是中国的电影行业行政主管部门，在老友的热心推荐下我拜访了电影局童刚和张丕民两位副局长（后任国家广播电影电视总局副局长），向他们表明了我的来意和想法。通过面对面的沟通才知道中国面对的是一个全球大市场，而影视业的巨无霸都在欧美国家，那些国家才是工作重点。而新加坡则是被忽视了的一个市场，并不存在中国电影文化交流的其他障碍。

很快我在新加坡举办中国电影展的想法得到了中国国家广播电影电视总局领导的支持，并在 2002 年 1 月 8 日达成在新加坡和印度尼西亚两国举办首届中国电影展的共识。

虽然我并不懂得电影艺术，但是我从小就知道上海是中国电影的摇篮。在电影局领导的安排下，我专程到上海电影集团公司拜访了副总裁、著名电影导演江平（现任中国电影股份有限公司总经理、国家一级电影导演）。他那为人待客的热情，豪爽开朗的性格，健谈中不时带有幽默的语言给我留下十分深刻的印象。他给了我很多专业的电影展组织策划经验和建议，并且表示会全力支持我实现这个愿望。

在选片方面我更是外行，不过我从孩子口中了解到一些新加坡青年人对电影的审美观和兴趣点。同时我也给电影局提出了一些建议，鉴于伊拉克战争的爆发以及世界反战运动高涨，那一时期马来西亚、印度尼西亚等国家政府和人民反应尤为强烈！我认为这是一个国际关系、国际政治非常敏感的时期，也是中国对外交流活动需要特别谨慎的时期。为了树立中国人民爱好世界和平和反对战争手段解决国际争端的国际形象，同时为充分保障在新加坡、印度尼西亚顺利、安全、成功举办中国电影展以及中国电影工作者代表团的旅行安全，特别建议在电影展预选影片推荐目录中增加以弘扬世界和平、友谊等题材的影片，取代涉及战争题材的影片。

电影局领导接受了我的建议，本届影展全部推荐中国国产影片，所推荐的 20 部影片目录中由我和新加坡当地的承办伙伴们挑选了十部影片。这十部影片是《真情三人行》、《紫日》、《刮痧》、《一曲柔情》、《开往春天的地铁》、《一代天骄成吉思汗》、《黑眼睛》、《宝莲灯》、《那人、那山、那狗》、《法官妈妈》，其中由中国青年演员郭柯宇主演的《真情三人行》被选为新加坡首届中国电影展首映式影片。

本届电影展是新加坡与中国自 1990 年建交以来的首次举办的电影展，也是中国大陆主流电影真正意义上的规模进入新加坡文化市场，意义重大。

举办新加坡首届中国电影展的消息引起新加坡媒体的关注，
图为《联合早报》驻北京特派员周瑞鹏（右）采访徐静蕾（左）
崔和平　摄影

"新加坡首届中国电影展"的承办机构是新加坡文化创意有限公司、和平国际顾问（新加坡）有限公司；协办机构是新加坡新闻及艺术部电影委员会、新加坡电影协会；中国驻新加坡大使馆是支持机构。影展筹备期间还得到了新加坡讲华语运动委员会、新加坡亚洲文明博物馆、新加坡外交部、新加坡电影审查委员会等许多政府机构、社会团体、相关企业、友好人士的热心资助和支持。

中国电影工作者代表团团长童刚对记者们说："这次来新加坡参加首届中国电影展意义深远。我们特别挑选了风格多样、题材丰富的影片，让新加坡观众能够欣赏当代中国电影的艺术及制作水平，从而更好地了解中国的历史文化，体验中国的风土人情，领略中国的绚丽风光，并感受中国改革开放的前进步伐。"

2002 年 7 月 13 日晚新加坡总理公署部长兼外交部第二部长李玉全先生、中国驻新加坡大使张九桓夫妇及 40 多位各国驻新加坡外交使节夫妇、

新加坡各界友人在新加坡樟宜国际机场迎接中国电影代表团
崔和平 摄影

新加坡政府、社会团体、友好人士 500 多人出席了在新加坡嘉华影城举办的电影展招待酒会和首映式，观看了首映影片《真情三人行》。首场作为慈善义演所得收入全部捐赠给了新加坡援助艾滋病患者行动委员会。为此，中国导演江平、演员郭柯宇荣膺"真情大使"殊荣。这是中国电影艺术家首次在新加坡获得慈善荣誉称号。

新加坡各界政要和观众出席中国电影展首映式
崔和平 摄影

中国电影展自 7 月 4 日开始预售门票，就受到公众热烈响应，尤其是分别由中国青年演员徐静蕾和郭柯宇所主演的《开往春天的地铁》及《真情三人行》的门票更是抢手。7 月 13 日至 19 日为期一周的首届中国电影展各场门票很快被影迷们预订一空，一票难求。

　　徐静蕾在《开往春天的地铁》这部叙述中国现代都市年轻人感情及人生观的电影中有着精湛的表演。这部影片不久前刚获得第九届北京大学生电影节"最受大学生欢迎电影"奖，而徐静蕾本人也夺得"最受大学生欢迎女演员"奖项。

　　对于中国电影展徐静蕾受访时说："希望本地观众不仅仅看到像《紫日》那类主旋律的中国影片，也能欣赏到像《开往春天的地铁》等由年轻人拍摄的现代都市题材电影。电影就是谈人，谈人性，无论什么社会都有一些共同的人性。"她说："情感没有地域局限，我希望《开往春天的地铁》能够引起新加坡观众的共鸣。"

　　一时间新加坡电影市场被中国影片掀起了一股不小的涟漪，历时七天电影展总上座率竟然达到 92.77%，刷新了新加坡历年国际电影展的最高纪录，更创当地华语影片史无前例。时任中国驻联合国裁军委员会沙祖康大使携夫人来新加坡休假期间正好赶上中国电影展，他在张九桓大使夫妇和我的陪同下观看了由塞夫导演的历史题材影片《一代天骄成吉思汗》。他问坐在身旁的我为什么放映的是蒙古语版而不是华语版？我说这是新加坡朋友们特别选择的版本，他们就是要欣赏原汁原味的影片，看着影院内座无虚席的新加坡观众，沙祖康大使感慨地说："这就是新加坡观众的文化品位啊！而这样的影片恐怕在国内是没有票房的。"我顺势说："大使，要不要到联合国去办一次中国电影展呢？"沙祖康大使听了一怔，随口说："到联合国办中国电影展？好主意！"……

沙祖康大使（左）与作者在中国电影展合影

崔和平　供稿

　　本来受亚洲经济持续低迷影响的新加坡一时间被中国大陆主流电影掀起了一股热潮。观众的泪水浸湿了中国中央电视台电影频道（CCTV-6）随访记者居文沛手中的麦克风；泰国驻新加坡大使伸出拇指赞叹中国电影太感人了；新加坡电影委员会决定邀请《真情三人行》参展 11 月份在新加坡举办的"亚洲儿童电影展"，同时邀请影片儿童主角来出席影展交流活动；新加坡电影协会主席一再表示希望将中国电影展作为新加坡每年固定的品牌节目举办；新加坡旅游促进局表示明年要策划更大规模的中国电影展……

中央电视台电影频道记者居文沛（左）采访新加坡老华侨、华裔观众

崔和平　摄影

　　别具特色的"中国电影展报告会"被新加坡观众称为"可与中国电影相媲美的另一种艺术享受"。中国电影工作者代表团童刚团长做了《中国电影产业的发展》专题报告，详细介绍了中国电影产业的发展现状和加入WTO 后的中国电影市场准入政策，向新加坡公众传递了准确而权威的最新政策信息，一些投资者已经对投资改造中国影院、合作拍片、投资电影服务市场等发生浓厚兴趣。北京电影学院副院长张会军教授做了《中国电影教育的成就》为主题的演讲，受到热衷电影艺术的新加坡青年的热烈欢迎，为中国高等艺术教育走出国门的可行性做了有益的测试，许多跃跃欲试的新加坡青年围拢在张会军副院长身旁详细咨询报考北京电影学院的途

径和入学条件。著名导演塞夫的《中国电影导演的追求》和江平导演的《中国电影演员的渴望》两场各具特色的报告使新加坡各界公众详细了解了中国电影的创作与风格，展现了华语电影在世界影坛上的地位与希望。中国青年电影演员徐静蕾、郭柯宇与"影迷"互动式的对话交流活动一改观众对各国影星珠光宝气、雍容华贵的印象，席间热烈的交流、对话、签名、照相，树立起中国影星质朴、纯真的良好公众形象。

中国电影展期间代表团拜访了新加坡文化旅游部，并呈请纳丹总统向新加坡国家图书馆转赠了北京电影学院的《新世纪电影学论丛》12 部共计 430 万字的专著，纳丹总统亲笔致信北京电影学院表示感谢，希望加强中新两国的电影教育交流。

中国驻新加坡大使张九桓（左起四）、文化参赞邵一吾（左起二）
邀请电影代表团做客中国大使馆
崔和平　摄影

影展即将结束了，而新加坡的"中国电影热"却还在持续升温。原本已经运往雅加达的电影胶片不得已又运回到新加坡，《一代天骄成吉思汗》和《那人、那山、那狗》再次加映，这也是新加坡历届电影展前所未有的现象。

中国电影工作者代表团拜访新加坡新闻及艺术部电影委员会时了解到，2001 年新加坡的全国票房总收入为 1 亿新元（当时新币与人民币汇率大约是 1：5)，国家总人口为 400 万；而中国大陆在同一年度的全国票房总收入为 5 亿元人民币，国家基本人口为 13 亿。新加坡每年引进世界各国影片 800 多部，国产片不过 5～10 部；而中国对 WTO 的承诺买断和分账总共不超过 50 部。中国国产影片每年产量平均不过 100 部。面对新加坡小市场高产值和中国大市场低产值以及中国大陆主流影片在电影展期间刷新票房纪录的现象引起童刚副局长久久的沉思……

"新加坡首届中国电影展"的成功举办一方面展现出中国电影在东南亚国家的独特魅力、热情的观众和积极的市场反应；另一方面也为"中国电影走出去工程"在组织、形式、内容以及创新模式等方面进行了有益的尝试。中国驻新加坡大使馆文化参赞邵一吾认为："中国电影展在新加坡成功举办是一件非常引人瞩目的重大事件，具有增进两国人民互相了解与促进友谊的重要意义。它可能会对许多领域产生非常积极的影响！"

2002 年 7 月 20 日至 26 日"印度尼西亚首届中国电影展"的举办可谓在当地产生了具有划时代的意义。这是印度尼西亚与中国复交以后迎来的第一次中国电影展，也是 2002 年 3 月梅加瓦蒂总统与江泽民主席在北京达成"四点共识"后在两国文化交流领域迈出实质性的第一步；更是印度尼西亚解除对华文、华语文化禁锢后中国大陆主流电影的第一次准入。

代表团所到之处街头随处可见的欢迎条幅

崔和平　摄影

与很多大城市一样，印度尼西亚首都雅加达也充满着都市喧嚣和交通拥挤，人们都为着各自的生计而忙碌着。但对当地的许多华人来说，这些天却谈论着一个共同的话题，那就是中国电影，因为中国电影展将在这里举办。在影展还没有开始之前，当地的各大华文报纸就已经开始报道中国电影展的消息了。回首往日，中国电影留给他们的已是 30 多前的记忆。印度尼西亚是个历史悠久的岛屿国家，有 1.7 万多个岛屿，被称为万岛之国。如果每天去一个岛，大约需要 50 年才能游览完这个国家。这里生活着 100 多个民族，90％信仰伊斯兰教。自从 1965 年"9·30"事变①以后，中国和印度尼西亚关系恶化，两国的文化交流几乎完全中断，在当地华人的记忆里，中国电影还都是 20 世纪五六十年代的黑白影片。

在雅加达国际机场中国电影人受到各界公众热烈欢迎

崔和平　摄影

在印度尼西亚举办的中国电影展放映的影片除新加坡影展的十部以外，根据中国驻印度尼西亚使馆的建议，又增加一部反映中国当代穆斯林生活题材的影片《月落玉长河》，共 11 部影片。首映式影片是《黑眼睛》，影片女主角陶虹专程到雅加达出席电影展活动。"印度尼西亚首届中国电影展"由印度尼西亚文化旅游部与中国广播电影电视总局电影事业管理局共同主办；承办机构仍然是新加坡文化创意有限公司、和平国际顾问（新加坡）有限公司；印度尼西亚创造海洋有限公司是协办机构；中国驻印度尼西亚大使馆作为支持机构。

---

①　1965 年 9 月 30 日在印度尼西亚发生的军事政变。时任印度尼西亚总统兼总理的苏加诺被军方推翻，并随后在全国发生反共大屠杀。

印度尼西亚文化旅游部长（右）亲切会见中国电影代表团团长童刚（左）

崔和平　摄影

　　印度尼西亚文化旅游部伊格德·阿尔迪卡部长会见了中国电影工作者代表团并且偕夫人出席了首映式。中国驻印度尼西亚大使卢树民夫妇以及当地政府、社会团体、文化艺术界知名人士、华人华侨、原住民等友好人士 400 余人出席了中国电影展首映式。伊格德·阿尔迪卡部长、童刚副局长和卢树民大使共同敲响了象征影展开幕的三声铜锣。

第一次登上印度尼西亚影坛的中国电影人

左起：塞夫导演、江平导演、陶虹演员、郭柯宇演员

崔和平　摄影

　　放映厅内座无虚席，走廊也坐满了观众。鉴于印度尼西亚法律规定，国际电影展不能售票，因此在雅加达市放映的 20 场，在泗水市放

映的八场均采取有组织的赠票方法分配各场影票。中国代表团还未抵达印度尼西亚，然而各场入场券早已经被索取一空。印度尼西亚中华总商会林松石主席感慨地说："当我得知消息后派司机去取票，等候了三个多小时也没有得到！"《印度尼西亚国际日报》记者抱怨，"我们的报纸每天都在报道电影展的消息，然而每场入场券仅仅给我们两张，太少了！"一些老华侨首映式结束后久久不肯离去，他们热泪盈眶地对中国中央电视台电影频道随访记者居文沛讲道："终于在印度尼西亚看到祖国的电影了，这是多么了不起的大事呀！希望今后每年都举办中国电影展。"

中国电影工作者代表团在雅加达参观了发展电视台、雅加达国家艺术学院；举办了中国电影展报告会；接受了当地媒体的采访；与当地艺术界进行了广泛的交流。江平导演在印度尼西亚丽的之声广播电台接受现场直播采访时模仿周恩来总理的声音说："梅加瓦蒂，当年我与你的父亲苏加诺总统见面时你还是一个小姑娘，如今子承父业成为印度尼西亚第五任总统。孩子！我希望你能够像父亲那样为增进中国与印度尼西亚两国之间的友好关系、为两国人民的友谊做出更多的贡献！"浓重的江苏口音，惟妙惟肖的模仿让听众们仿佛进入了蒙太奇般的时空倒转。

中国电影展期间一些交流活动场面非常热烈、感人，多次逢活动高潮时大家都会共同载歌载舞，代表团所到之处随处可见节日般的气氛！中国电影导演塞夫、江平和影星陶虹、郭柯宇一时成为当地公众所关注的热门人物。许许多多原住民公众与他们攀谈、合影、签名、交朋友，完全超越了种族、国籍、语言和文化的藩篱。

访问期间张会军教授代表中国电影代表团向梅加瓦蒂总统转赠了北京电影学院的《新世纪电影学论丛》。

中国电影展首映影片《黑眼睛》是一部残疾人题材的影片，讲述了一个坚强而又有天赋的盲人运动员面对事业和爱情的复杂心理，演员陶红真挚细腻的表演感动了在场每一位观众，她也成为37年来第一位出现在印度尼西亚银幕舞台上的中国女演员。一位观众散场后迟迟不肯离去，她在等待机会，一定要拥抱一下陶虹。她热泪盈眶地对我说："看过影片了解到中国残疾人能够受到社会那么好的照顾和培养，我为之感动！"

印度尼西亚文化旅游部伊格德·阿尔迪卡部长向作者表示希望
今后多组织这样的活动，增进两国人民的文化交流和相互了解
崔和平　供稿

当她如愿以偿拥抱陶虹时已经是泪水浸透衣襟，我为她们拍下了这感人的瞬间。

　　"看了中国电影让人想家！"一位观众简单的一句话却语义深重，让我深深地感触到这是许多印度尼西亚华人、华侨发自内心的共鸣，而且心情复杂，难以言表。虽然已经散场很久了，许多观众还是久久不肯离去。我看到她们仨一群俩一伙围在一起站在影院外昏暗的路灯下回味着、热议着，意犹未尽！

　　中国影星陶虹深情地说："我为能有机会来印度尼西亚参与并见证这一伟大的事件而感到荣幸！我为自己所主演的影片被选为首映片并且受到印度尼西亚观众的欢迎而感到惊喜！我为能代表中国电影演员第一次登上印度尼西亚影坛接受献花而感到光荣！"发自肺腑的感言赢得现场观众们的热烈掌声回应！

首映式影片《黑眼睛》女主角
陶虹向印度尼西亚观众激情致意
崔和平　摄影

中国电影工作者代表团团长童刚深有感触地说："我们每年在世界各地举办和参加许多电影展和电影节，像印度尼西亚观众这样对中国电影的热情关注完全出乎我的意料，我为印度尼西亚人民的热情、友好而感动！我对印度尼西亚政府、活动承办者所作出的认真的、周到的、细致的、高水平的组织工作而感到惊讶和钦佩！印度尼西亚首届中国电影展成功举办的经验值得我们认真总结。"

中国驻印度尼西亚大使馆文化参赞陈怀之说："在印度尼西亚举办中国电影展的意义不仅是让华裔、华侨们能有机会观赏到中国的电影，更重要的是如何吸引更多的原住民通过观赏中国电影了解中华文化，促进原住民与当地华人、华侨的和睦关系，增进两国人民的了解与友谊。"为此，在陈参赞的提议下，这次影展特别增加了反映中国当代穆斯林生活题材的影片《月落玉长河》，受到当地观众的欢迎和好评。在雅加达举行的报告会上一些公众对中国拥有穆斯林题材的故事影片感到十分惊讶！

作者（左起二）与中国电影代表团全体成员合影

崔和平　供稿

公共关系活动策划也要善于从成功的角度看缺憾！这次在新加坡和印度尼西亚成功举办的中国电影展也存在着一些缺憾，主要是我们未能考虑到充分挖掘此次活动的商业潜力，忽略了这个新颖独特的信息传播平台能够为商家提供进入彼此市场的契机和创建文化企业国际合作的桥梁。由于时间、思路等多种原因，本次电影展几乎是在没有任何商业合作伙伴的情况下举办的，这无论对我们还是对那些有远见有抱负的投资人都是一个莫大的损失。我们应该高度关注这个问题，今后力求将文化交流与经济发展紧密联系起来，为各国商家营造产业合作商机，为电影展注入新的意义和内涵。

第二例　新加坡首届中西医结合学术研讨会

2003 年 12 月 6 日新加坡的中西医界专家、学者破天荒同聚一堂，与中国医学专家研讨中西医结合抗击 "SARS"① 的经验。

中国发现首例非典型肺炎病例始于 2002 年 12 月 15 日的广东省河源市。随着疫情的迅速传播中国政府在 2003 年 2 月 10 日向世界卫生组织（WHO）通报了广东地区的疫情。3 月 6 日北京发现第一例输入性疑似病例。3 月 12 日世界卫生组织向世界发出了警告，并将此疫情正式命名为 "SARS"。3 月 15 日后，世界很多地方都相继出现了 "SARS" 疫情报告，从东南亚传播到澳大利亚、欧洲和北美地区国家。印度尼西亚、菲律宾、新加坡、泰国、越南、美国、加拿大等国家都陆续出现了越来越多的受感染者。

3 月初，三位从中国香港旅游回到新加坡的疑似 "SARS" 感染者发病，此后每天新加坡都有超过十例新增疑似感染者病例报告，而且呈迅速上升趋势。随后新加坡医学实验室研究人员和医院医护人员相继被感染的报告也陆续出现。新加坡政府在没有任何可借鉴经验的情况下采取了三项紧急措施：①根据世界卫生组织《医院传染病控制指南》和专家指导紧急建立了 "SARS" 专诊医院，所有疑似感染者都集中到陈笃生医院收治。同时加强医护人员保护措施和社区防护计划。②政府向公众和医院提供免费专用救护车服务。③加强口岸入境人员的健康检查，政府也向公众发布了旅行警告，从疫情国家入境人员必须在家自行隔离观察十天。

---

① 严重急性呼吸道综合征（英语：Severe Acute Respiratory Syndrome，缩写为 SARS）在中国亦称非典型肺炎即 "非典"。

在这次席卷全球的突发公共卫生事件中，中国内地累计病例 5 327 例，死亡 349 人；中国香港 1 755 例，死亡 300 人；中国台湾 665 例，死亡 180 人。新加坡 206 例，死亡 32 人。鉴于新加坡政府采取了迅速、积极、有效的措施和全民防疫宣传和动员，2003 年 5 月 31 日，世界卫生组织在全球率先将新加坡从疫区名单中除名。

尽管疫情得到有效控制，但新加坡公众面对莫名其妙的传染病疫情依旧是"谈龙色变"十分恐慌，同时各种对中国的质疑声音不绝于耳，严重影响了新加坡与中国的友好关系。更让大家担忧的是疫情是否会在新加坡卷土重来。

面对新加坡社会公众的心理恐慌状态，我萌发了在新加坡举办一届由中国医学专家主导的交流活动，目的旨在介绍中国医学界对"SARS"病毒的研究，疫情的防控措施，感染者的医疗救治经验以及对疫情发展动态的分析，从而让新加坡公众能够科学、理性地认识疫情，避免无谓的恐慌情绪。我的想法首先得到新加坡朋友们的认同，并且得到了时任中国驻新加坡大使张九桓的支持。也有新加坡朋友说："你的想法很好，但是我不相信在中国疫情防控十分紧张的时期，能够派专家到新加坡来出席研讨会。即便个别专家你能够请来，一些在国际上有影响力的权威专家能来吗？而且我们想邀请的专家他们都能一起来吗？我们别是一厢情愿呀！"

为此，我专程到北京拜访了原中国卫生部副部长、时任中国医师协会会长的殷大奎教授，我知道他曾是卫生部分管疫情防控和突发公共卫生事件的领导。我提出在新加坡举办医学交流活动的设想，并且希望邀请一些在国际上比较有影响力的医学专家出席活动。我向殷大奎教授提出的建议很快得到了国家的支持，在国内疫情防控最紧张的时刻由中国医师协会组织的一个以殷大奎教授为团长的中国医学代表团到新加坡做交流访问。代表团成员包括：中国工程院院士、世界卫生组织医学顾问、广州呼吸疾病研究所所长钟南山博士；介入神经外科专家、北京宣武医院神经外科主任凌锋博士；中国首批中医学博士、中日友好医院中医糖尿病肾脏病科主任仝小林教授；临床病理学和感染医学专家、北京大学第一附属医院药品临床研究基地副主任、国家新药评审委员张慧琳教授。

中国医师协会代表团一行在新加坡受到政府、社团及中西医专家热烈欢迎
前排左起：仝小林教授（左四）、殷大奎教授（左六）
钟南山教授（左七）、张慧琳教授（左八）、凌锋教授（左十）
崔和平 供稿

2003年12月4日中国医师协会代表团一行专家来到新加坡。这让原来质疑我想法的新加坡朋友为之一振，"真没想到中国政府这么重视我们的呼声"他感慨地说。

原凤凰卫视著名播音主持人刘海若小姐得知这一消息，在其姐姐的陪伴下坐着轮椅也到新加坡出席活动。以自己亲身经历向各界公众讲述运用中西结合治疗方法死而复生的奇迹。2002年5月10日发生在英国的一次交通事故曾经轰动一时，那天12时45分英国伦敦开往诺佛克郡的列车发生出轨意外事故，乘坐该列车的凤凰卫视著名女主持人刘海若在事故中头部受重创，深度昏迷，伤情严重。入院后五次手术，生命垂危。在国家的关心下，凌锋教授临危受命亲赴英国会诊，在那十分微弱的神经反应瞬间，医生们排除了伤员的脑死亡。为了防止肺部感染和呼吸通畅，在凌锋教授的建议下，医院为刘海若做了气管切开手术。出于对凌锋教授的尊敬和信任，英国主治医生说："我知道中国的中医非常神奇，不过我们这里没有中医师，而且在英国的医疗制度下也无法采纳您的治疗方案。我想如果有可能把她转运到中国治疗也许更有希望，在你们的国家就可以结合中医治疗了。问题是长途转运需要非常专业的技术力量支持！"

中国国际航空公司全力配合国际SOS紧急救援中心进行航空医疗转运工作。国际SOS紧急救援中心派出了一个由中外医生护士组成的医疗

凤凰卫视著名主播刘海若（右二）与凌锋教授（右一）、
仝小林教授（左一）及作者（左二）合影
崔和平 供稿

小组负责全程的医疗监护，国航值飞伦敦至北京的波音 747 客机头等舱全部作为医疗区域。国际 SOS 紧急救援中心中国区航空部总监南岐山坐镇北京指挥值班协调员们有效地协调着民航总局、国航、出入境检验检疫局、海关、边防、首都机场等所有相关部门，确保飞机抵达后的绿色通道畅通无阻。

2002 年 6 月 8 日下午刘海若顺利抵达北京。经过北京宣武医院凌锋教授医疗团队的努力，以中西医结合疗法，在较短时间内奇迹般地获得新生。

创造奇迹的凌锋教授和刘海若同台出现在新加坡论坛的讲台上。在人们眼中凌锋教授就是一位"神医"，而凌锋教授说："我最反对别人说我是名医、神医，因为这世界上就没有神医。我既不是名医，也不是神医。"她对与会同行们说："在外界看来这好像是一次起死回生的个案，我觉得这是一种误解。为什么这么说呢？这种误解是在于媒体过早地、错误地发出了一个信息，海若已经脑死亡了。其实那不是英国医生的诊断，我到英国去就是协助英国医生做脑死亡鉴定。"她的严谨、谦虚的态度表现出中国医生良好的形象，令与会医学界同行无不感到惊讶和赞叹！

殷大奎教授做了《传染病控制与中西医结合疗法》的报告，新加坡医学界研讨传统医学与现代医学相结合的话题是史无前例的。殷大奎教授以自己的专业知识和工作经验详细介绍了中国在"SARS"疫情、艾滋病等传染病疫情防控方面所采取的措施、政策等有效手段和中西医结合治疗效果，用一个个鲜活的病例证明着中西医结合疗法的特殊疗效。

殷大奎教授（右）向新加坡医学界朋友们致谢辞
崔和平　摄影

在新加坡西医与中医之间永远是互不相容的两种疗法，患者看西医时医生一定会叮嘱患者不要擅自看中医、用中药，否则后果自负。看中医时中医师也会提醒患者不要乱服西药。

在研讨会上殷教授勇于面对国际舆论的批评和敏感话题，毫不掩饰地介绍了中国政府有关部门在"SARS"疫情初始阶段由于对新型传染病疫情缺乏认识而做出的许多错误判断和决策所汲取的经验和教训，可为各国政府面对重大公共卫生事件时所借鉴。

殷教授的报告内容令新加坡医学界同行们感到十分新颖，既了解了中国中西医结合医疗研究的成果和宝贵的临床经验，又清楚了中国在抗击"SARS"过程中的真实情况。

钟南山院士做了《中西医结合疗法在重大疫情中的功效》的演讲，以"SARS"疫情控制的现实经验有力地支持了殷大奎教授的学术观点。并且向与会同行们披露了已经成功获得"SARS"患者血清和储备的信息，表达了自己对抗击疫情的信心，即便疫情卷土重来也会有备而战，不再束手无策。钟南山院士的发言和所披露的信息引起轰动，受到与会各国医学专家们的极高评价。

仝小林教授是中国第一批中医学博士，他以自己在抗击"SARS"疫情中的亲身经验做了《从SARS看急慢性疾病的中西医结合疗法》学术报告。众所周知，当北京发生疫情的初期一些疑似患者就是在北京中日友好医院接受治疗。而在中医科接受治疗的患者就是在仝教授的纯中医疗法下无一例患者死亡，无一例医护人员感染，更无一例患者痊愈后患股骨头坏死后遗症。这一现象引起联合国世界卫生组织和国际医学界的特别关注。

中国医学专家们的学术报告和经验介绍让新加坡和来自各国、各地的医学专家们感到耳目一新，十分兴奋！在其强烈要求下，第二天的论坛中国专家分别又更加详实地做了如下主题报告。

广州呼吸疾病研究所钟南山院士：《中医中药对SARS的治疗与疗效》；

北大医院张慧琳教授：《中国进口药品的管理制度和临床测试》；

北京宣武医院凌锋教授：《脑血管畸形的血管内栓塞治疗》；

北京中日友好医院仝小林教授：《传统与现代结合治疗慢性病——肾脏病与糖尿病的探讨》。

由于受历史形成的原因影响，现代医学与传统医学在新加坡是不融合的。2003年12月6日、7日连续两天在新加坡举行的《21世纪中西医结合学术论坛》活动，第一次打破了新加坡医学界的这一藩篱，西医与中医界的专家们相聚一堂，聆听中国同行的学术报告，大家一起交流分享经验，可谓盛况空前！澳大利亚、新西兰、印度尼西亚、马来西亚以及中国台湾、香港地区的许多医学专家也慕名前来参加会议，与会各界来宾达到300多人，会场座无虚席。新加坡和其他各国媒体也做了大量的宣传和报道，影响空前广泛。时任中国驻新加坡大使张九桓在论坛开幕式致辞时说："这次活动远远超出学术的交流，已经影响到新中两国的外交和国家关系。"

活动的成功举办不仅仅是改善了新加坡现代医学与传统医学界的关系，同时也第一次共同与中国医学专家面对面切磋重大公共卫生事件的应对经验与联手合作的思考。更重要的是通过媒体的宣传让公众更多了解到

中国驻新加坡大使张九桓在论坛开幕式上致辞

崔和平　摄影

各国医学专家面对"SARS"疫情所做出的付出、努力与措施，达到了教育公众、稳定社会的目的。

这段历史的回顾让我感到时光弹指一挥间，然而中国与新加坡医学界，尤其是传统医学界的交流活动甚少，至今更没有再现历史的盛况，这是一个遗憾！如果两国间能够经常举办这类活动将会有益于医学领域的更广泛交流与合作。通过学术交流活动可以创造生命科学、医学科研、医药研发、医疗服务、医药市场、产业投资、资本运作、医学教育、成果转化、科普宣传、健康文化、传染病防控等诸多合作领域的机会。尤其是把国际合作应对突发公共卫生事件纳入"一带一路"倡议规划则更加具有现实意义。这些关乎人们健康的共同合作发展机会就不仅仅是在新加坡，而是以新加坡为基地拓展东南亚各国乃至全球的合作机会。

总结以上案例让我们认识到，在一些特殊的公共卫生事件发生时，尤其是可能会影响到国家之间关系时，民间的公共关系活动能够起到积极的作用。所达到的效果往往是官方、政府间难以实现的。国家与国家的关系取决于人民之间的相互了解与交流。民间交往是国家之间跨文化沟通的重要渠道，尤其是"构建人类命运共同体"伟大理念的传播，公共外交中的公共关系活动是十分重要且不可或缺的。

第三例 神秘的超导技术科研攻坚

1987年初,美国、日本、中国科学家在超导体研究领域取得突破性的进展,短短几天之间国际媒体都在实时公布着三国科学家宣布的超导新型材料最新的临界值数据,扣人心弦,令世界瞩目。2月13日美国科学家宣布在液氮制冷条件下,绝对温度①90开即可出现超导状态的新材料已经在美国问世。

3月4日晚,夜色笼罩下的北京城从喧闹中渐渐恢复了平静。此时坐落在中关村"科学城"内的北京大学物理系低温物理实验室内却灯光明亮,人们还在紧张有序地工作着。实验室内的气氛在宁静中透出一丝紧张!物理系、化学系、现代物理研究中心的科研人员聚集在这里,人们急切地期待着一个令人激奋时刻的到来……

所有人的目光都投到一个方向,所有人的思绪都关注着一组数据,仪器上的红色数码不停地闪烁着、跳跃着、变化着。21:00仪器测试的数据终于定格于绝对温度91开(-182℃)所测材料出现超导状态。这一数据与当天下午日本科学家发布的数据持平。

这一数据代表着我国科学家研制的钇-钡-铜-氧体新型材料取得成功!至此,一度停顿了14年的尖端科研课题,戏剧性地在75天时间里分别在美、日、中三个国家的科学实验室内相继取得突破。这种竞争速度和技术飞跃引起国际科技界的震惊和轰动。

作为惠普公司的公关人员我长期以来养成一种习惯,就是时刻都要关注新闻事件,每天晚上7:00准时收看中央电视台的新闻联播节目。5日晚当我看到新闻联播这条报道时也被中国科学家取得的成就所吸引,同时瞬间在荧屏画面上注意到实验室工作台上那闪烁着数码的电子测量仪器竟然是"HP3054A",这一瞬间让我眼前一亮!

第二天一到公司我立即联系北京大学,希望采访科学家。遗憾的是校方以科研工作紧张和保密为由谢绝了我的采访。国家科研项目的攻坚阶段,校方安排保卫人员把实验室封闭起来,科研人员也不能私自与外界交

---

① 绝对温度又称热力学温度。0℃=273.15开。

往联系。怎么办？此时我的头脑中萌发和酝酿着一个重要的公关策划。我向公司总经理刘季宁先生详细汇报了自己的想法，得到了他的认同，公司安排维修部最权威的技术专家配合我的行动。我登门拜访了北京大学校长办公室主任，说明来意。"北大专家攻关，惠普技术保障。我知道实验室使用的数据处理系统是 HP-85 计算机，电子测量仪器是 HP3054A，数据分析和测量精度都关系到科研数据的准确性，此时尤显重要。由于测量偏差使得数据不准确将会引起非常严重的后果。"校办主任非常认同，并好奇地问道："你是怎么知道我们实验室设备情况的？"我会心一笑话锋一转说："为此我受惠普公司总经理委托，向您转达我们惠普公司的意愿，我们愿意在贵校科学家科研攻关的关键时刻给予义务的技术支持和服务，为实验室测量仪器免费做校验和保养。"听到这话，校办主任立即拿起电话打给实验室主任，介绍了我们的来意。实验室主任高兴地说："这是我正在想做的事情，惠普就送上门来了，太好了！我们太需要做测量仪器校验，以保证数据的绝对准确！欢迎他们！快点来啊！"

在校办主任的亲自陪同下，我和惠普工程师一道踏入了"戒备森严"且充满神秘色彩的物理系低温实验室，受到实验室科研人员的热情接待。同行的工程师立即投入工作，对实验室使用的 HP-85 小型计算机进行维护，对几台 HP3054A 电子测量仪器逐台进行精确校准。北京大学物理系学术委员会主任、固体物理学家甘子钊教授以及系主任和实验室主任都赶来实验室看望我们。校实验室管理办公室刘尊孝主任感动地说："通过你们的服务，让我们看到了中国惠普的精神！"

在这十分难得的融洽气氛中我借机与他们攀谈起来，了解到许多鲜为人知的"内情"。几个月来实验室科研人员过着与外界隔离的生活，夜以继日地紧张工作。他们在与时间赛跑，在与国际同行们竞赛！他们还用科普语言向我介绍什么是超导材料，以及这种材料的应用领域和经济价值。

他们介绍根据"迈斯纳效应"超导材料除了在一定的条件下处于无电阻状态外，还具有完全的抗磁性，使磁力线不能穿透导体，并产生一个斥力。这时的超导材料将会悬浮在磁场之中。实验证明北京大学的研究成果，不仅仅达到了在绝对温度 77 开（-196℃）时就能产生"迈斯纳效应"，而且超导相所占体积比达到 30％以上，这在当时世界超导材料角逐中也是处于优势的地位。

我们对超导实验室仪器设备的主动服务支持如同雪中送炭，所测得数据更让科研人员信心倍增。据说中国科学院学部委员、超导物理学专家管维炎教授，中科院物理所所长杨国桢教授，超导物理学专家赵忠贤教授一致认为北京大学新型超导材料的监测数据和验证结果是可靠的。

《北大科学家在探索超导体奥秘中攀峰的一个时刻——记不让海外独秀的中华儿女们》一篇以此次专访编写的纪实报道评论文章在《中国惠普》杂志上发表了，文中那么多感人的故事，那么多新颖的知识，那么多中国科学家的情怀，那么多鲜为人知的实验室奥秘吸引了诸多媒体纷纷转载，也满足了社会公众的求知愿望。当然，"惠普之路（HP Way）"也搭载上新闻事件和新闻人物的故事而被广为传播，家喻户晓。

何谓惠普之路？那就是"以人为本的人性化管理典范；高技术领域的跨国经营理念；高度注重产品品质和客户服务；全球化学分析仪器、电子测量仪器、医疗电子设备、小型计算机的技术领先企业"。

这个案例介绍了一条成功的公共关系工作经验，就是借势传播我所在的企业影响力和良好形象。我们绝不可以杜撰编造新闻，但是可以做到新闻策划。虽然不一定是新闻事件的主角，但是可以给人留下深刻的印象。

第四例　联合国第四次世界妇女大会花絮

1992年3月，联合国妇女地位委员会第36次会议接受中国政府的邀请，决定第四次世界妇女大会在北京召开。中国担任如此规模的世界性大会东道国尚属首次，活动特点是接待人数多、代表规格高、会期时间长、活动内容丰富、参会人员复杂。是新中国成立以来规模最大的国际性主场外交活动。

为了保障各国来宾的健康和安全，组织委员会负责人万嗣全签署授权书，特别授权亚洲国际紧急救援中心配合北京市的32家指定医疗机构为来华境外人员提供医疗和紧急救援服务保障。

1995年8月30日至9月8日非政府组织（NGO）"妇女论坛"首先登场，来自世界211个国家和地区3 000多个组织的30 000多名代表云集北京怀柔，就世界涉及妇女自身利益的各种问题阐述各自的观点，推动了

国际救援组织与北京市医疗机构合作保障代表健康与安全

崔和平　摄影

世界妇女事业的发展。

9月4日至15日召开的政府论坛会议有197个国家的政府代表团、联合国系统各组织和专门机构、政府间组织及非政府组织共17 600多人出席。大会选举陈慕华任联合国第四次世界妇女大会主席。会议制订并通过了《北京宣言》和《行动纲领》，对此后五年世界妇女运动的任务、目标做了明确的规定，这是团结全世界妇女为实现自身解放而奋斗的宣言书和行动纲领。

在会议紧张筹备期，大会中国组织委员会遇到了许多过去未曾经历过的问题，其中包括联合国请求在大会期间允许联合国警察持装备入境参与安保工作；"世界动物保护组织"申请在非政府组织论坛期间举行裸体游行；"世界艾滋病患者联盟"申请入境出席非政府组织论坛活动等。

当时，我担任亚洲国际紧急救援中心公共关系事务负责人。时任国务院副秘书长、组织委员会副秘书长徐志坚紧急约见我，希望了解我对这些问题的看法。我向徐志坚副秘书长坦诚提出了自己的建议。首先，这次大会的主办方是联合国世界妇女组织，中国是承办方。因此会议的内容、议程、活动、保障等计划都应该按照主办方的要求执行。联合国出于安全考虑，拟派遣联合国警察参加会议安保工作应该持欢迎与合作的立场。同时，这样做也使得安保工作的风险和责任得到分担。而且面对那么多国家不同国籍代表的安全保卫，我们的确缺乏经验，一旦出事国际协调与联络工作非常复杂、敏感。中国警察与联合国警察合作执法利大于弊，携警务装备入境也是特殊情况下的临时措施，特事特办，拟应特批许可。

关于"裸体游行"申请，这是该组织为了唤起人们保护动物的意识而在西方国家经常采取的一种行为方式，尤其是为了表达对皮草服装生产和消费的强烈反对意愿，如果这类活动唯独在我国不予批准，恐怕会节外生枝。我的建议是原则上尊重他们的要求，有条件地予以批准。例如日期、时间、人数、次数、地点、活动方式，一定要作为批准条件给予严格限制。

另外，接待工作中做好两项准备。其一限定在怀柔县城体育场指定的场地内举办游行，并且多安排一些女警执勤，准备一些布单、毯子等物品防止她们违规走出体育场时采取限制措施时使用。其二在入境后的接待中特别培训志愿者在接待服务过程中对这些代表加强中国传统文化和礼仪方面的宣传工作，重点介绍西方公共场所的裸体行为与中国人的文化、认识、习俗方面的差异。

关于艾滋病组织代表入境的申请，虽然当时我国出入境卫生检验检疫规定艾滋病感染者禁止入境，但是这是一个国际 NGO 组织的申请，代表着世界上一部分群体的利益。而往届世界妇女大会承办国都采取了包容的态度，会议承办国从未禁止她们入境出席会议活动，如果这次在中国禁止入境可能会引起国际舆论的批评。我建议批准该组织的参会和入境申请，不过在接待过程中特别加强卫生检疫和生活饮食起居的适度隔离，加强医疗疫情防控措施。

徐志坚副秘书长非常认真地听取了我的分析和建议，经与组织委员会有关部门研究最终全部采纳了以上建议，取得了很好的效果。尤其是很多人听说批准"裸体游行"和准许艾滋病患者入境，一时间惊讶、好奇、紧张、担忧各种议论众说纷纭，成为一时间被热议的话题。

在组委会各有关职能部门的周密安排下，世界动物保护组织的裸体游行在规定的时间、在指定的地点和限定的范围内有序举行，既满足了这个非政府组织的特殊申请，又保障了怀柔分论坛现场的公共秩序。

北京市疾控中心、出入境卫生检验检疫局特别对艾滋病患者代表的接待在入境、检疫、住宿、餐饮、就医、活动等各方面做出了精细的安排，采取了周密的防控措施，既满足了代表们的各方面需要，又有效监控了疫情，在微笑中强化管理，会议全程没有发现艾滋病疫情传播。

至于联合国警察与中国警察联手合作承担安全保卫工作，让组委会借鉴了很多有益的国际经验，进一步提高了工作效率，加强了安保能力，使得这次大规模的国际会议在对各项活动和国际政要的安全保卫方面基本上做到了万无一失。

当然，一些偶发的事故还是有所发生。就在 8 月 30 日联合国第四次世界妇女大会非政府组织论坛即将开幕的早晨，一起重大交通事故发生。

友谊宾馆驻地的会议代表们 7：00 纷纷登上会议大巴车准备前往怀柔非政府组织论坛会场。三位美国籍代表是当天下午会议的主题报告人，而他们的发言稿还没有准备好。他们迟到了，没有登上代表车辆，而是随后自行乘坐出租车赶往会场。可能是急于赶路，客人们不断催促司机加快车速，由于雨天路滑，车速过快，8：40 左右在京郊通往怀柔的公路上出租车失控撞到公路边的树干上，造成副驾座位客人当场死亡，后座两位乘客重伤，司机轻伤的重大交通事故。

北京市公安交通管理局事故处赵广贤处长及时打电话向我通报了情况。根据大会组委会的预先授权，亚洲国际紧急救援中心迅速介入救援活动。在我们的协调联络下，伤员被迅速送往北京中日友好医院抢救。死者遗体送往北京市公安局清河尸检所。通过亚洲国际紧急救援中心总部很快联系到死伤者的家属，向他们做了情况介绍。紧急联络美国驻中国大使馆，向总领事通报了情况。并且在大会组委会、医院、公安部门、使馆、家属以及美国保险公司之间密切协调各方关系。

这起事故发生在非政府组织论坛会议的第一天，也一定会引起国内外媒体记者们的关注。也许他们会为后面会期的安全而感到担忧，也许会质疑会议承办方的安全措施和保障能力，也许还会被某些代表作为一个问题在大会上提出，也许……总之组织委员会面临着许许多多不可预期的挑战和风险。

当记者们蜂拥而至怀柔会场采访"非政府组织妇女论坛"开幕式期间，一场鲜为人知的紧张跨国救援行动展开了。考虑到伤员术后的情况及

国际救援组织发挥优势迅速将伤员护送回美国

国际 SOS　供稿

伤亡者家属们急切的担忧，在征得家属、医生、美国使馆总领事和保险公司的同意下，我们向大会组委会提出了尽快护送伤员返回美国治疗和遗体转运回国的建议和计划。

我们的计划被批准了，事故发生三天后遗体已经运返美国。五天后伤员也在专业的医疗监护下平安护送回到家乡。当记者们后来听说此事时，已经是过去多日的旧闻了，没有因此引起舆论的波澜，大会也没有受到任何舆论的干扰而顺利进行。这一严重事故同时也为大会各保障部门敲响了警钟，更加严格地加强并做好大会代表们的健康和各项安全保障工作。

从 8 月 20 日境外代表陆续入境至 9 月 17 日全部离境，联合国第四次世界妇女大会期间境外来宾（含媒体记者）约 35 000 多人，其中在京逗留期间伤病就医 3 080 人次，住院治疗 32 人次，因车祸、流产、急性胆囊炎、肠梗阻、双目失明、昏迷、急性阑尾炎等重症抢救十人次，手术治疗六人次，转运出境遗体一具。

通过这些案例让我们了解到一个大型国际会议活动的组织工作事无巨细，非常复杂。可预期的事情我们能够根据经验提前做好应对措施准备，而不可预期的事情发生时就没有可遵循的预案了。无论哪一类事情发生，能否解决好、处理好，更多是体现在公共关系的协调和应对能力上。良好的协作精神，包容互谅的诚意，协商沟通的技巧，诚实可信的态度，一丝不苟的专业精神，突发奇想的睿智都是一位大型活动领导者、组织者、参与者所该锻造的基本素质。

第五例　空难——紧急救援

1992 年 10 月 8 日 15 时 30 分，武汉航空公司一架伊尔-14 客机在甘肃省定西县白禄乡华家村附近山上坠毁。

机上共载有 35 名乘员，其中，法国游客 14 位，我国台湾游客 11 位、大陆乘客三位（旅行社人员），机组人员七位。事故导致九位法国游客和五位机组人员不幸罹难。

这是一次非常复杂的救援和善后过程，最终取得圆满的结果。这也是一个公共关系的经典案例具有研究和借鉴价值。我们通过对这次国际救援活动的详细回顾，请注意全过程中的每一个细节出现的问题和解决的方法，尤其是运作的思维方式和公关手段。

空难现场的伊尔-14 客机残骸

崔和平　摄影

10 月 9 日凌晨，亚洲国际紧急救援中心北京办事处 24 小时服务热线接获国家旅游局提供的信息后立即向新加坡总部、我国香港办事处、法国驻华使馆、法国保险公司通报了情况。很快得到确认，14 位法国游客都属于法国保险公司的投保人，并且确认为亚洲国际紧急救援中心的服务对象。法国保险公司迅速授权亚洲国际紧急救援中心开展救援服务，保险公司将承担全部救援费用。

面对这一紧急情况当务之急是要立即组织救援队并尽快赶赴当地。在紧张进行救援队的组织过程中同时还亟须一架包机承担运送救援队和转运伤员的全程飞行任务。但是当时中国的通用航空力量十分薄弱，民航运力非常紧张，各航空公司都无法提供一架包机保障这次紧急救援活动。

就在我们被这个看来无法克服的困难所困扰时，我想到请求中国军队的支持，立即向中国国家旅游局发出紧急援助请求，很快中央批准了我们的请求，决定派空军支持我们的救援活动，这个过程不到一小时。当我们得知这一消息时救援队的中外籍工作人员都不相信这竟是真的！

应有关部门安排与我们同机前往兰州的还有国家旅游局的两位官员，法国驻中国大使馆总领事路易女士和两位随行秘书，中国国际旅行社何儒昌副总经理和四位随行工作人员。尤其是北京协和医院派出了最权威的急救医学专家马遂教授做技术支持，成为这次伤员转运最重要的骨干力量。

当时，我感觉还缺少一个人，就是记者。在以往的经验中，这类空难事件都是国际媒体特别敏感的信息，必然会引起世界公众的关注。与其别人说，不如自己说。每次重大救援活动我都会主动邀请媒体记者随行采访，及时报道事件发展情况和救援善后工作，满足媒体、公众，尤其是伤亡人员家属对信息的迫切需求。

我立即打电话给新华社国内部主任张述臣，简单介绍了事件情况，并希望得到新华社的支持。张主任在电话里对我说："情况紧急，你们先出发吧，我会做出安排。"

当日下午2：30，一架飞机从北京南苑机场起飞了！这是一架崭新的波音737型客机。飞行中一位外籍医生说："在这样的救援活动中中国政府居然能够派专机支持我们，真令我难以相信啊！""对！这就是在中国，这就是中国政府对生命拯救的态度！"我回应了这位朋友的质疑。在我过去13年的国际救援生涯中这样的事情经历得太多了！

飞机上路易领事希望与我单独谈谈。我们坐在前舱办公桌前，她问："是不是你准备接上伤员就离开当地了？尸体怎样处理？谁来协调当地的关系？我是第一次到兰州，这里人生地不熟，希望你能够帮助我。"我完全理解路易领事的担忧，对她说："路易领事，请您放心。我计划安排救援队的医护人员负责转运伤员。他们离开后我会留下来处理尸体的善后工作。"此时路易总领事长长出了一口气，看来她最大的忧虑解除了，也看得出她处理这方面事务没有经验，需要我的帮助。借势我向她提出了一个请求，能不能成为我们救援队的成员？"什么意思？"她诧异地问我。"因为处理这样的事情需要与各方接触，关系非常复杂。我们一定要按照一个共同的计划开展工作，不能因为职责不同，各自为政，会发生很多意想不到的麻烦，我们都是为了一个目的就是顺利安排伤员及时转运，将遗体和遗物尽快运返法国。"路易领事完全赞同我的想法，爽快地回答："我愿意成为你救援队的成员，大家一起努力处理好各项事务。"我的救援队居然又多了一位外交官。

新华社驻甘肃分社记者王安

崔和平　摄影

　　下午4：30飞机在兰州中川机场着陆，机舱门刚刚打开，一位身挎照相机的先生匆匆迎了过来，急匆匆地问："谁是崔先生？""我是！"我想这位可能就是新华社张主任安排的记者朋友吧？果然不出所料他说："我是新华社甘肃分社记者王安，总社要求我配合您的报道工作，请问现在可以接受我的采访吗？""不可以！"我果断地拒绝了他。接着说："我们刚刚到达，情况还不是很清楚。不过我有一个请求，您能不能成为我们救援队的成员，跟上我们。随时采集您所需要的信息，明天转运伤员时我接受您的采访，可以吗？"这位记者同样非常爽快地接受了我的邀请。至此我的救援队又增添了一位记者。

　　我们乘坐兰州国际旅行社安排的车辆，前往兰州军区总医院，伤员此时都在那里接受治疗。七十多公里颠簸的路程扬起了沙尘，那时中川机场通往兰州市区还没有高速公路。颠簸中我在梳理着从早晨到此时的一个个环节。路上据甘肃省兰州国际旅行社领导介绍，他们是这个旅游团的接团社，事件发生的下午他们就已经投入到紧张的救援活动中。开始急救中心的救护车把伤员送到了一家当地的中心医院，由于医院已经下班，这么多的伤员医院遇到许多难以克服的困难。此时，旅行社领导想到本地有一所驻军医院，立即决定将伤员转到兰州军区总医院。伤员运抵医院时，立即进入作战程序。下班的医护人员紧急返回医院，从院值班室到各急救科室、药房、血库、放射科、手术室、重症监护室的人员很快就位投入医疗抢救工作。警通连战士立即进入警戒状态，战士们帮助抬运伤员。这就体现出群死群伤重大事件发生后，军队的快速反应能力和资源调配能力都远比地方医院强，这是一条很重要的经验。

从北京出发前，亚洲国家紧急救援中心北京办事处一直与兰州国际旅行社和兰州军区总医院保持着密切通讯联系，实时掌握最新的死亡和伤员的动态信息。并且给予他们专业的建议，指导救援行动。

"请旅行社查找所有法国游客的护照，提供游客名单和组团信息。"

"注意识别伤员的姓名。"

"希望对每一位伤员做全面体征检查，尽快提供数据。"

"注意伤员是否有 RH 阴性血型？提早备血。"

"请准备国际转运使用的在途药品，包括杜冷丁（哌替啶）、吗啡、可待因等。"

"殡仪馆特别注意暂时不要清洗和处理尸体。"

"请注意千万不要深度冷冻尸体，请将太平柜温度调整到 3～5℃。"

……

北京 24 小时值班协调员们在南岐山总监的领导下分分秒秒保持与兰州方面的联络，虽然救援队还没有抵达，但是救援活动已然按照一个统一的行动计划悄然展开。兰州当地的旅行社、医院、殡仪馆等各方机构都在有条不紊地行动着，一条条专业的指导意见迅速从北京传到兰州。

我们的经验是如果在一次事故中有伤员，也有死者，我们的工作程序是先处理伤员，再处理尸体。

车队抵达兰州军区总医院，远远看到医院领导都在门口等候着我们，下车后我们快步走到医院会议室听取院方情况介绍。负责医疗工作的暴连喜副院长首先通报了从昨晚到现在的整个接诊过程，他说："昨天晚上伤员送抵医院时都没有证件，五位法国伤员的伤势很重，我们按照入院顺序给他们编了号码，现在只能够按照号码介绍每一位伤员的诊断和治疗情况。"这一情况提示了我和路易领事，必须尽快找到他们的护照和其他旅行证件，以辨识他们的姓名和身份。

　　暴副院长还提供了一个重要的情况，根据医院一些懂法语的医生讲，这些法国游客一些人是夫妻关系，但是其各自的配偶是伤员还是已经罹难不清楚。而罹难者的尸体已经送到兰州市殡仪馆保管。

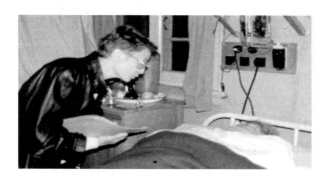

法国驻华使馆路易领事进入病房逐一慰问伤员

崔和平　摄影

　　我陪同路易领事去看望伤员，在病房门前我拦住了她。我说："路易领事如果伤员问起自己的配偶情况您怎样回答？""我会如实告诉他们。"路易领事不经心地答道。"不行！路易领事您不能如实告诉他们，如果他们知道自己的亲人可能已经死亡，精神会受到极大的刺激，加之伤情严重，可能会引起并发症。哪怕有一位伤员昏迷休克，我们明天的转运计划就会受到影响。您知道这架飞机来之不易啊！"路易领事似乎并不认同我的想法，她说："我是外交官，没有权利向伤员隐瞒真实情况，更不能说谎！"说着快步走进病房。

　　顿时我的心好像提到嗓子眼了，非常紧张！我请随行的救援协调员赵立强把路易领事与伤员交谈的每一句话迅速告诉我。每一位伤员见到了同胞和自己国家的外交官都如在异国他乡见到亲人一样，泪流满面！路易领事非常和蔼地慰问和安抚着他们。并且告诉伤员们，一定配合好医生的治疗，明天就会返回祖国。正如我所料，每一位伤员都向路易领事提出了同样的问题，"请你告诉我旅游团的其他队友怎么样？我的配偶怎么样？"他们都是最后才问到自己的伤情，让我尤为感动！

路易领事出乎我意料地回答了伤员们的关切，"放心吧，你的队友和配偶与你同样在接受着良好的治疗。"

走出病房，我悬着的心终于放下了。我疑惑地问路易领事"你也会说谎话呀？"她会心地一笑说："我没有对他们说谎话，只不过刚才我脑子里一闪，崔先生你是对的。我只是为了配合你的转运计划，把应该告诉他们的话只说了一半。等到了巴黎的医院，在他们得到良好的医疗监护情况下，我再告诉他们队友和配偶经抢救无效不幸离开了。"这就是外交官的语言，像是善意的谎言，我由衷增添了几分对她的佩服和敬意！

作为救援队的组织者，我的责任就是做好工作流程安排，协调好各方关系。首先我向医院介绍了我们的来意和目的。介绍了亚洲国际紧急救援中心的组织情况以及法国保险公司的授权委托，特别说明医院发生的全部医疗用由我们担保和代理结算，由法国保险公司承担赔付。

随后我请求院方向我们救援队的马燧教授和外籍医生逐一介绍五位伤员的伤情、诊断、治疗情况，并共同会诊以确认每一位伤员是否适合航空转运。四位中外籍主治医生经过会诊和讨论，达成一致的意见，伤员适合转运。

甘肃省政府有关部门负责人连夜会见法国领事

崔和平　摄影

午夜时分，我们通过兰州国际旅行社的协调紧急约见政府有关部门的负责人，汇报我们的计划，并希望得到政府的支持和帮助。开始甘肃省政府外办主任还有些犹豫，因为按照外事规定，他需要得到外交部领事司的通知才可以安排与外国驻华总领事的会见。我及时通过兰州国际旅行社领导向外办主任转达了几点建议。首先这是一次紧急救援活动，行前并未照会外交部，因此程序上有些不合规定。而法国驻华领事亲自来本地参与救援和善后工作对我们是帮助和支持，应该热情接待和礼遇。根据国际外交条约，领事的职责是保护本国侨民；签署法律文件；外交见证人；对外国人入境签发签证许可等。我们无论是伤员转运、遗体运返、遗物移交、文件签署等都需要这位领事的支持，有她的支持和帮助，我们的工作就会减少很多的麻烦！

10日凌晨1：00省政府副秘书长、省外办主任和省旅游局局长都到酒店与我们见面，磋商有关善后工作的具体事宜。外办主任还主动将自己的工作用车借给我们使用，方便我们的活动。在政府各相关部门的支持下，各项工作有序进行。省公安厅连夜出具符合国际标准的《外国人运送灵柩出境许可证》、《法国伤、死者遗留物出境证明》、《事故证明》、《死亡证明》、《护照遗失证明》。路易总领事拿出使馆印章，当场签发《护照注销证明》和《遗体入境证明》，并对全部中国出具的文件现场签字认证。

2：30兰州军区总医院向亚洲国际紧急救援中心移交伤员，路易领事代表法国使馆与我共同在伤员出院移交文件上签字。

医院开始做伤员转运的准备，其中包括：准备了六辆救护车，每辆车配备一位护送医生和护士，安排一个排的警卫战士随行协助抬担架。我指导警卫战士怎样搬运伤员，怎样抬担架，怎样使担架顺利登机并进入机舱。救护车司机在车内准备足够的尿液容器，途中不可以临时停车。请兰州市交警协助从医院至机场路途的交通引导，控制车速低于每小时60公里（来时我注意到路况不好，减轻车辆的颠簸和扬尘）。

此外，根据救援队医生提出的药品、血液清单，请医院帮助准备。这时医院已经确认两位伤员是RH阴性血型，医院血库没有储备。而所需要的部分药品医院存量不足。医院领导立即向兰州军区卫生部做出紧急报

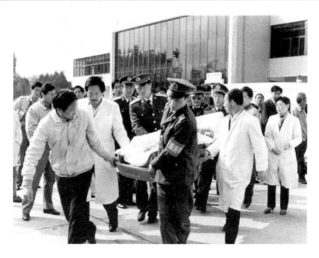

兰州军区总医院的医护人员和警卫战士们在搬运担架

崔和平　摄影

告。兰州军区卫生部指示其他医院配合调剂足够的药品送到兰州军区总医院。兰州军区时任司令员向所属部队下达命令，召集了几名 RH 阴性血型的战士星夜兼程赶到医院献血。

这也是一条宝贵的经验，在紧急情况下，部队战士们的血型是预知的，而且相对健康、安全，是迅速寻找供血血源的捷径。

午夜过后战士们赶到医院，有位战士对取血护士说："为了抢救伤员，请您多抽一些。"这些情况让在场的路易领事看在眼里，感动在心间！

此时的北京，卫生部医政司血液处等一些相关业务处室的机关工作人员也没有下班休息，而是紧张地为我们办理转运所需血液和药品携带出境的手续。

8：00 一切法律文件、伤员病历、随带药品、救护车辆、护送人员准备完毕，救援队医生对伤员做了行前医疗处置。8：30 伤员离开兰州军区总医院。在通往中川机场的丘陵公路上，几十辆汽车在警车的开路下缓慢行驶。车队抵达机场时，飞机已经做好了飞行准备，机舱内拆掉了几排座椅，地板上准备放置担架。机长对我说前舱的这张软床可以放一位重伤员，长途飞行会舒服一些。可是没有一位伤员肯躺在床上，都表示在担架上很好。

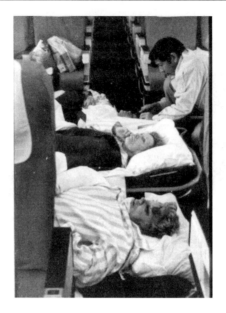

伤员们被安置在机舱地板上
崔和平　摄影

由于昨晚提前指导了战士们抬担架的技巧，伤员们的担架顺利进入到
客舱，并被安置在地板上。正在忙碌之中，有两位伤势较轻的伤员请求在
飞机前排办公桌前照相。我想应该尽量满足他们的要求，在医护人员的帮助
下，把两位伤员扶坐到沙发椅上，机组乘务员把兰州军区总医院送的鲜花摆
在办公桌前，我打开相机为他们拍下了照片，事后复制送给了路易领事。

应两位法国伤员的请求作者为他们拍摄照片
崔和平　摄影

这时同样与我们共同忙碌了一夜的新华社记者王安走到我面前，低声说道："我们的采访何时开始呢？"哇！差一点把这事儿给忘记。"现在开始，不过您不要采访我。"此时我想到，应该请受益人接受记者采访，可是看到医生们在忙于起飞前对伤员的检查和治疗，实在不好打扰。突然我转眼看到了路易领事，对！应该请她接受采访最合适。我尝试着征求领事的意见，"新华社记者想采访您，您能够接受吗？"我担心她一口拒绝，追上一句话"哪怕说一句也好！"我没想到路易领事非常爽快地接受了采访。她对新华社记者说："我受法国政府授权，代表法国驻中国大使馆向善良的甘肃省人民，向中国军队表示最真诚的感谢和最崇高的敬意！"

我们的救援活动和路易领事对救援活动的评价随着新华社的电波传到世界，事后据了解当时很多海外媒体都根据新华社发出的消息做了报道。让世界公众及时了解空难发生后中国政府、军队、各界积极开展救援和善后的过程和细节。

飞机起飞了，伤员们将经深圳出境，在我国香港转机返回法国。我与路易领事仰望着渐渐远去的飞机，心里默默祝他们一路平安！此时距我们昨天抵达兰州整整过了 17 个小时。

我与路易领事、两位随行的使馆秘书返回市区，立即着手处理遗体的事务，去殡仪馆辨识尸体。

我们到达殡仪馆后立即请工作人员协助查验每一具尸体。按照我们事先的要求，殡仪馆没有对尸体实施冷冻，皮肤弹性尚好。六男三女，九具尸体大部分已经面目全非，惨不忍睹。头上的伤痕、衣物上的血迹，能够想象出事故发生时他们遭遇的痛苦。我习惯性打开随身携带的海鸥 DF 照相机，逐一拍照。路易领事根据旅行社提供的名单仔细辨识死者名字。可是九位遇难者不用护照比对，很难准确辨识他们的姓名。看来获得死者的护照是现在最迫切的需要，我们必须尽快会见政府有关部门，请求协助。

在当地政府的协调和帮助下我们一行连夜赶赴空难现场定西县白碌乡华家村附近丘陵山上。远远望去飞机残骸散落在一片山丘上，随处可见的飞机零部件和旅客行李、遗物等物品。此时夜色降临，当我们爬到山坡上时感到西北秋夜寒风凛冽的刺骨。现场值守的警卫战士们里面穿着棉大衣，外面套着雨衣，小战士的嘴唇都冻紫了。我问一位小战士："吃饭了吗?"他点点头。"吃了什么?"我追问道。"山下的老乡们把家里过冬存的土豆煮熟了,挑到山上给我们吃!"听到战士的这句话,在场的人员无不为之感动!

寒冷的山上警卫战士们坚守着空难现场

崔和平　摄影

定西县是当时中国最贫困的地区之一,老乡们生活十分艰苦。是他们最早发现飞机失事,也是他们最早救起爬向山下村庄受重伤的机组女乘务员。他们从乘务员那里得知飞机失事的情况立即蜂拥而至现场自发地展开救援活动。他们拿出了家里仅有的棉被,把荆条编成担架,用被单和衣服包扎伤员。他们知道一定会有人来救援,为了节省时间,把伤员们抬到山下的公路边等候。村民们没有人哄抢或捡拾遗落的物品,都是在尽其所能搬运伤员和遗体。

最先赶到空难现场拯救伤员的四位村民

崔和平　摄影

　　我和几位工作人员不由自主地掏出随身携带的一些钱，递给这些村民，他们拒绝接受，都说这是应该做的事情！村民们的见义勇为和战士们的坚守职责，都让现场所有工作人员以及路易领事看在了眼里，记在了心间。

　　夜色降临了，我们在战士们的帮助下凭借手电筒的光柱在周边搜寻着旅客遗物，整齐排列开来，逐一打开行包，终于在随团导游的旅行包中找到了全部游客的护照。

工作人员凭借手电筒的光亮找寻旅客物品
崔和平　摄影

　　又是在村民们的帮助下，我们把全部物品抬到山下，装车运回下榻的酒店。省公安厅、海关人员连夜清点造册，查验封箱。路易领事现场接收，签署遗物交接文件。

　　随后路易领事整理核对了全部法国游客的护照，挑出了九位遇难者的护照，我们连夜二次进入殡仪馆太平间辨识尸体。我对面前这位四十多岁的女外交官肃然起敬！看着她一丝不苟地仔细检查死者的遗体，核对游客名单和护照，比对我拍摄的照片，认真做着标注和记录。我们在已经确认的尸体小脚趾上系上一个布条，写上他的名字（这个部位不易脱落）。

最后四具男性尸体通过照片实在不好识别，因为他们是容貌酷似的兄弟。路易领事根据掌握的资料立即打电话联系到他们在法国的家属，询问各自亲人的体征。此时他们在家乡的亲人们焦急万分，接到路易总领事从中国打来的电话，积极配合提供了四位亲人的体形、体貌、疤痕、牙齿等宝贵体征信息。

我们随后第三次进太平间，根据家属提供的信息再次识别遗体，最终完全准确无误地辨识了他们的姓名。我从事国际紧急救援工作经常会出现场，处理遗体。我们工作中不允许出现张冠李戴的识别错误，这是我们的职业责任所在。

路易领事现场办公签发外交文件
崔和平　摄影

亚洲国际紧急救援中心北京办事处此时正在紧张协调联络遗体转运的飞机，可是各航空公司听说是运送空难事件的遗体都表示没有合适的飞机可供使用。其实我们理解他们的职业忌讳，也熟知我国航空资源的基本情况。我们向国家旅游局汇报了这个情况，最后是国务院一位秘书长亲自作出指示，由民航总局协调调动了一架安-30运输机承担运输任务，公司总经理亲自驾驶飞机来到兰州。

鉴于兰州市殡仪馆的条件所限，面对遗体防腐和符合国际遗体转运规定的防渗漏棺木都无法解决。我们紧急请求北京八宝山殡仪馆援助，两位最优秀的殡葬师和两位北京出入境检验检疫局官员携带九具法国进口的西式防渗漏高档棺木搭乘运输机来到兰州。

时间紧迫，我们工作人员配合八宝山殡仪馆殡葬师为九具遗体进行全身的清洗，殡葬师娴熟地为死者缝合伤口、整容、化妆，做防腐处理。兰州市殡仪馆的工作人员看到此番情景诧异地说："平时我们就是将面部清洗一下，再做一下整容就可以了，你们为什么要这样做？"我告诉他们说："他们的遗体不会在这里火化，要运回法国。他们都是天主教徒，一定会按照宗教习俗在教堂神父主持下，在亲友、教友面前举行弥撒。然后在教会的墓地安葬。如果遗体运回后，他们的亲人想换一身衣服或者换一口棺木，打开一看身上伤痕累累、血迹斑斑、沾满泥土和充满痛苦的面容一定会更加悲伤。虽然他们并不认识我们这里的每一个人，但是他们会认为中国人不会做事，而给国家造成不好的影响。"听了我的解释，他们似乎理解了，更加投入地做着遗体处理工作。当时太平间里出奇地安静，唯一能够听到的就是哗哗的流水声，我不由产生了一种幻觉，他们似乎没有死去，而是熟睡了……

检验检疫、海关人员在殡仪馆现场进行遗体灵柩出境检查

崔和平　摄影

在路易领事的指导下，我们凭借目测手量，按照天主教的习俗选购了衣物。男士白衬衣、黑色西服、黑色领带、黑皮鞋；女士白色长袖衬衣、灰色长裙、黑皮鞋，为每一位整容和防腐后的遗体仔细着装。这一切的目的都是希望为他们的亲属带来一分精神上的安抚和心

理上的宽慰。

14日，搭载着九具法国游客遗体的运输机离开了兰州，飞向北京。经北京口岸出境，转搭外航运返法国。

后来据路易领事讲，遗体运返后家属们对遗体的处理非常满意，没有再更换棺木和衣服，安详地在教会墓地下葬了。很长时间过去了，中国国际旅行社副总经理何儒昌向我询问："为什么死者家属和伤员们久久没有向旅行社提出索赔的请求？我这里按照规定已经完成了保险索赔申请程序呀！"我对他说："据了解，家属和伤员对我们的善后感到非常满意，可能也就无心主动追索赔偿了吧。不过建议您还是考虑主动到法国去慰问，同时协助他们办理索赔手续。"

参与救援活动的人员合影留念，这是一支名副其实的国际救援队

崔和平　供稿

这次救援活动是一次国际合作的大型行动，从空难发生的那一刻第一时间出现在现场自发投入救援的当地村民们开始，逐步越来越多的人加入救援活动中，包括兰州国际旅行社、兰州军区总医院、兰州市殡仪馆、当地各相关政府部门。消息传到北京后国务院、空军、新华社、北京协和医院、国家旅游局、北京出入境检验检疫局、海关、边防、八宝山殡仪馆、卫生部、公安部乃至在亚洲国际紧急救援中心的中国北京、新加坡、中国香港、英国伦敦、法国巴黎各24小时服务中心都在紧张协调着法国驻中国使馆、法国保险公司、法国医院、家属等各方关系。这次救援活动涉及的国内外机构和人员难以精确统计，不计其数。

第六例　拯救新加坡游客

这个案例本不是这本书计划内的内容，就在书稿已经截稿时我得到新加坡《联合早报》资深记者、我的好朋友余经仁先生提供的许多珍贵的历史资料。余先生的热心令我感动，因为他身患癌症，在顽强地与生命博弈，他以虚弱的身体在与时间赛跑。他多次对我说："感觉有太多的事情还没有做！"然而他听说我在写这本教材，并且看到我的征求意见稿，热心地委托《联合早报》同事为我检索二十多年前的报道资料。这个案例我本想编入我的下一个写作计划《生命无价》，可是我又是多么希望余先生能够早日看到这本书的出版呀！因为这个案例他也是历史的亲历者，也记载着他的身影和贡献！为此，我改变了写作计划在本书中增加了这个别具意义的案例，以飨读者。

故事发生在 1996 年 9 月 11 日新疆巴音布鲁克县。由新加坡大运旅行社组团，中国青年旅行社接待的"丝路之旅"新加坡旅游团一行 24 人 8 月 31 日经四川省成都市入境到新疆做为期 20 天的旅游。9 月 11 日旅游团抵达新疆巴音格勒盟巴音布鲁克县的天鹅湖。晚餐后游客们走出餐馆散步回住地，漆黑的夜晚没有路灯照明，她们持手电筒走在小镇子的街道上。夜晚大约十点钟（乌鲁木齐时间）一辆迎面而来的吉普车将其中五位游客撞伤。

五名伤者都是新加坡陈笃生医院的工作人员，其中三名伤势最严重的是医院的护士长和护士，一位除脑震荡外脊椎也受伤，处于昏迷状态。还有一位重伤者头盖骨破裂，但神志清醒。其他两名较轻伤者也是头部或肢体受伤。

面对突如其来的事故，游客中不乏经验丰富、训练有素的在职和退休的专业护士，她们立即开展第一时间现场的自救。随后将妥善处置后的伤员护送到不远的蒙古包小医院，无独有偶当时刚好有一支下乡服务的医疗队驻守在该医院里，医生们为她们提供了非常及时的医疗救治。意外事故发生后旅游团的团员们非常团结合作，其中一名团员还立刻与旅行社司机及导游在黑暗中驱车到百余公里外的小镇打电话求援。那位新加坡游客打电话给新加坡驻中国大使馆报告了事故情况。同时，当地政府的主要负责人也给予大力的协助，连镇长也加入了救援的行列，手持照明灯，为医生们的抢救提供支持和帮助。平日寂静的小镇顿时喧哗起来。

次日凌晨新加坡驻北京大使馆叶高运领事将事故通报给了亚洲国际紧急救援中心北京办事处，随后紧张的跨国救援活动迅速展开。

在境外，亚洲国际紧急救援中心设在新加坡的总部立即开始制订伤员治疗和国际转运计划，联系新加坡陈笃生医院和中央医院做好创伤伤员的接收和治疗准备。紧急查询、检索伤员们的保险信息，并与其投保的保险公司和信用卡公司取得联系，及时将事故信息告诉给伤员们的家属。

在境内，亚洲国际紧急救援中心迅速将事故情况上报中国国家旅游局，该局驻新加坡办事处主任李铁非先生也立即配合亚洲国际紧急救援中心总部展开社会各方协调及对媒体滚动发布信息的工作。新加坡最具影响力的华文报纸《联合早报》负责旅游专题报道的资深记者余经仁先生在9月13日率先将事故和救援进展情况向社会发出报道，《我国五名护士在新疆旅游遇车祸 亚急中心正与中国联合开展救援工作》引起新加坡其他媒体和社会公众的普遍关注。由此旅游安全一时间成为公众普遍热议的话题。

人民解放军陆航直升机飞往巴音布鲁克

崔和平 摄影

在中国国家旅游局的及时介入和支持下，中国政府派出人民解放军陆军航空兵对偏远地区的受伤者执行空中转运任务。9月12日午后时分一架黑鹰直升机盘旋在巴音布鲁克大草原的上空，吸引了众多牧民们聚集围观，尤其是一些牧民骑在马背上高举着套马杆，对直升机的降落造成安全隐患。百里之外驱车赶来的民警们紧张地疏导着围观的群众，地方政府的干部们都被动员起来维持秩序。随着轰鸣声和旋翼所掀起的气流，直升机平稳地降落在大草原上，当地医生们迅速将伤员用担架抬上直升机。直升机升空了，经过一个多小时300多公里的航程顺利抵达乌鲁木齐基地，五辆装甲战地医疗救护车将伤员们迅速护送到驻军医院进行进一步的伤情诊断和精心治疗。

直升机载运着新加坡伤员安全抵达乌鲁木齐
崔和平　摄影

亚洲国际紧急救援中心也在协调中国南方航空公司、新加坡航空公司为伤员跨国转运安排担架机位和组建护送医疗小组及装备，一切有条不紊。9月14日傍晚两名最重伤员先行搭乘新加坡航空公司航班安全返回新加坡，15日另外三位伤员也搭乘南方航空公司航班陆续抵达新加坡，分别入住陈笃生医院和中央医院。仅仅四天时间中国和新加坡两国政府、外交机构、军队、医疗机构、保险公司、国际救援组织多方联手行动，成功拯救了在中国偏远地区遇险的五位新加坡游客，这让关注这一事件的社会公众松了一口气，新加坡公众都在为伤者祈福，祝愿她们早日康复！

然而，《联合早报》资深记者余经仁先生并没有就此停笔结束对这一事件的连续报道，而是话锋一转提出了旅游安全的思考话题，并且连发分析和评论文章引导舆论。

《能省则省　新加坡人虽频频出国　购旅游险者不足三成》一石激起千层浪，一时间新加坡中英文报纸、电视、广播都在热议着《联合早报》

发起的这个论题。各家媒体通过采访保险公司、旅行社、游客、医疗机构等，采集了大量的数据和案例信息。虽然新加坡各旅行社都积极鼓励游客们购买旅游安全保险，但是以华人为多数的新加坡游客们却认为"出门买保险不吉利"，"能省则省，不要额外增加旅游消费"。大多数新加坡游客缺乏保险和旅游安全风险意识，暴露出国民的教育不足。新加坡媒体借此案例向公众公布了五位伤员的医疗、救治、交通、航空转运等费用开支高达17.5万新元。这还不算政府、军队的公共资源投入。然而这次救援活动，五位伤员不会为这笔高昂的费用付出一分钱，因为这个旅行团全体团员在出国前都购买了非常适合的保险，她们成为保险的真正受益人。

中国国家旅游局新加坡办事处主任李铁非接受新加坡媒体采访时说："为了旅客的安全，中国国家旅游局要求所有接待外国旅客的旅行社，必须要把旅客保险列为服务项目之一。"借此机会介绍中国的旅游安全管理政策，取得了非常好的效果。

新加坡职总英康保险公司向媒体透露这次事件其中有伤员在其保险公司投保65新元，而得到的是十万新元的医疗和航空护送转运的费用保障。其他几位伤员也都在其他保险公司购买了旅游安全保险，使其避免了可能发生的更大经济损失。

仅仅一年后余经仁先生又发表了题为《国人出国旅游 愈六成买保险——比去年同时期增长显著》的调查评论文章。余经仁先生对多家旅行社和保险公司采访，获得大量翔实的数据，列举了近年来一系列涉及新加坡游客在国外的旅游安全事件得出结论，新加坡公众的旅行安全意识在迅速提升，保险意识已逐渐成为大多数公众的消费习惯。

总结以上案例，用公共关系学理论的分析我们再次印证了"意外事件的发生不以我们的主观意识为转移，而在于我们有没有快速反应的能力，有没有行之有效的紧急救援措施，有没有秉承国际认同的原则处理好善后，有没有以开放的心态把发生的事件和我们所采取的措施及实地告诉给关注事件的社会公众，这标志着我们是否成熟"。新加坡《联合早报》等媒体对事件的报道也应该引起我们的思考，媒体不要仅是把公共事件做新闻传播，而是从偶发事件中发现共性的话题，通过对事件的深入报道，加强分析和舆论引领，从而达到教育公众的目的，提高公众的认识和素质。

这也是媒体的社会责任及贡献！

对于事故、事件发生后的信息传播与其别人说不如自己说，与其外行说不如内行说，与其被动说不如主动说，主动驾驭信息传播的主导权会更具积极意义。

作者看望《联合早报》老记者余经仁先生（右）

崔和平　供稿

在这里我要为《联合早报》老记者余经仁先生祈福！向新加坡媒体界的同仁们表达我的敬意！

第八章

结 束 语

一、公共关系智库

我们生活在一个伟大的变革时代，中国也在从传统的以农业经济为主导的国家高速地向工业化转变；从以农业人口为多数的人口大国迅速地向城镇化转变。经过四十多年的经济发展和建设，中国已经成为世界第二大经济体，成就属于中国，贡献属于世界。

如果说蒸汽机把人类带入到工业革命时代，第二次世界大战结束后世界进入了以美国为主导的经济发展时代，那么当今互联网技术的高速发展又使人类进入了一个崭新的世纪，就是以互联网、大数据、人工智能化全面发展为标志的全球信息化时代。中国在这一历史机遇期充分发挥了民族文化、智慧、能力的优势在众多领域成为时代的引领者。随着中国在世界的影响力迅速提升，伴随的就是责任。

中国经济的迅速成长和国家实力的增强，必然要面对世界各国所寄予的期待和希望。因此中国政府制订出新的国家发展战略，提出建立人类命运共同体，构建新型大国关系和共建"一带一路"倡议，主动承担起更多的国际责任，为人类做出更大的贡献！

然而，任何一个国家在高速经济发展和建设的过程中都无法避免事故、事件、灾难、灾害的发生。中国同样面对着自然灾害、事故灾难、公共卫生事件和社会公共安全事件时有发生的现实，其破坏力和影响力极大，社会和公众付出的代价极高，政府、企业和其他各类社会组织的压力极大。

我们也看到在一次次触目惊心的重大事故、事件、灾难、灾害中人们也在寻找着防范安全风险和应对重大事故有效的经验和方法，从政府到民间都在前所未有的更加重视公共安全管理。

早在 1991 年 7 月我就向中国政府建议，把涉外救援工作从以往的政府包办，转为国际化、专业化、产业化的服务，建立中国的紧急救援服务产业。我高兴地看到近年来中国已经在开始建立和发展保障公共安全的产业体系，而且发展十分迅速。

更让我感到欣慰的是近年来国家开始重视智库建设。智库可以搭建起一个新型的公共服务平台，凝聚社会精英，为社会安全发展保驾护航！

我希望公共关系智库能够在以下几个方面给予各类社会组织提供以下支持和服务：

（1）专家智囊服务；

（2）员工培训教育；

（3）危机公关顾问；

（4）共建"一带一路"发展服务。

中国特色的公共关系智库具有学术功能、案例功能、公关功能和服务功能。他既是各类组织的发展智囊，又是公共关系顾问。既是常态下组织管理的咨询师，又是应对危机发生时的参谋部。根据组织的需求发挥媒体优势，甄选和整合社会各类专业人才、技术、信息等资源更好地为组织服务。

我相信这在中国将会是极具生命力的一种创新型服务，各级政府也会因此而感到轻松许多。调动社会各种力量有机会参与到社会治理的系统工程中来，逐步把越来越多的政府职能转为社会服务，建立起新型的社会服务产业。

建立公共关系智库需要社会各界积极地参与和支持，为中国经济可持续发展和构建现代化社会治理体系做出贡献！

二、寄语读者

《公关艺术》是作者以 50 年的社会实践经验结合中国社会发展的国情而撰写的一部公共关系学专著。这是一部自传体回忆录体裁的教科书。

我是 2006 年初应清华大学公共管理学院院长薛澜博士的邀请回国参

加他所领导的研究团队，从事"奥运安全"的课题研究。我非常感谢薛澜教授和清华大学公共管理学院各位老师们给我的宝贵学习和历练的机会。2008年北京奥运会成功举办后我便留在国内从事公共安全管理专业的学习和研究。自主研发了"中国公共危机管理"课题，并形成系列培训课程，十几年来一直为高校、政府、企业、司法、文教等各界做培训。

原国务院副秘书长、国务院参事室主任徐志坚（右）
亲切会见清华大学公共安全管理专家薛澜教授
崔和平　摄影

书中很多案例都是我的亲身经历和经验的总结、理论的研究和知识的传播。把自己的经验告诉大家是一种善举，把经历过的历史告诉大家是一种道义，把看到的问题揭示给大家是一种责任，把研究的知识传播给大家是一种使命，目的旨在为读者在推动现代社会治理体系过程中提高对公共关系的认识，以及如何开展健康、法治、高水平的公共关系工作提供思考和借鉴。总之一句话：把带不走的都留给社会，留给有需要的人们。

这本教材将媒体沟通、商务谈判、危机处理、组织文化作为重点内容，并认为这是组织公共关系工作的核心内涵。公共关系工作的外延非常大，几乎涉及组织内部、外部所有工作领域。因此，组织领导者的公关意识和专业素质决定了公共关系学在组织管理中的影响价值。公共关系学是一个前沿的复合型知识结构的交叉学科，与其他传统组织管理学科具有极强的相融性、交叉性、互补性，也是专业性很强的工作技能。

爱因斯坦有一句至理名言，"成功＝正确的思考方法＋信念＋行动"。

这部专著试图让读者了解到深层次"公关"的真正意义所在。

"公关"不是少数职业公关人的专利，"公关"是社会组织思考生存的智慧。一个人若身处隧道，他看到的就只是前后非常狭窄的视野。不拓心路，难开视野。视野不宽，脚下的路也会愈走愈窄。

特别希望职业公关人注重自我提升三个方面的素质：渊博的知识、活跃的思维和高尚的情操。

优秀的职业公关人才是经验和经历的累积所铸就的。新华社资深媒体人王天文有一句经典的话是对职业公关人最高境界的精准描绘，"职业公关人在公众场合是组织形象的代言人，他们要具备高贵与优雅的气质，充满涌动的激情与活力，展现亲切与时尚的风采，焕发出组织蓬勃向上的精神面貌。"

公关是一门艺术。"艺术就是凭借技巧、意愿、想象力、经验等综合人为因素的融合与平衡，是以创作隐含美学的表达模式。艺术也是与他人分享美的感受，是具有情感与意识的人类用以表达既有感知且将个人或群体体验沉淀与展现的过程。所有的人类文化都有某种形式的艺术，艺术表达是普世文化通则之一。"①

鉴于本书写作中所列举的大量案例都是作者亲身经历，从公共关系学的角度认识就是提倡人们表现出对工作细节的思考、想象力、技巧、设计、创作和经验的结合，追求完美而永无止境。公共关系学是对社会行为文化的研究，倡导以追求艺术的思想境界对待所从事的工作，并对工作结果具有可记载、可收藏、可鉴赏的历史价值。因此也就提出了《公关艺术》的书名，其中也蕴含着对艺术概念的借喻。

我希望通过这部专著，让更多人熟悉和了解公共关系和公共关系学。无论是否专职从事公关职业，都可以把一些公共关系学的理论运用到自己工作实践的方方面面，从而构建起更加和谐、文明、友善的社会环境。这将会使得中国的社会发展在精神、道德、价值观等方面取得进步，这也是作者编著这一教材的初衷。

有读者可能会问，此书为什么选择中国农业出版社出版发行？我告诉

---

① 摘自：《维基百科》词解。

大家，书是人们赖以生存的精神食粮，选择中国农业出版社恰到好处。过去我与这家出版社素昧平生，而出版社领导和年轻编辑们对作者的热情、信任和真诚让我选择了他们。尤其是责任编辑对本书认真细致的校阅和高度负责的编审态度令我十分钦佩！在此我要衷心感谢出版社的各级领导和编辑们为此书出版发行所付出的贡献！

崔和平

2020 年 6 月于新加坡

图书在版编目（CIP）数据

公关艺术 / 崔和平著 . —北京：中国农业出版社，
2020.7

ISBN 978-7-109-26942-2

Ⅰ．①公…　Ⅱ．①崔…　Ⅲ．①公共关系学　Ⅳ.
①C912.31

中国版本图书馆 CIP 数据核字（2020）第 100379 号

中国农业出版社出版

地址：北京市朝阳区麦子店街 18 号楼
邮编：100125
责任编辑：闫保荣
版式设计：杜　然　　责任校对：吴丽婷
印刷：北京中兴印刷有限公司
版次：2020 年 7 月第 1 版
印次：2020 年 7 月北京第 1 次印刷
发行：新华书店北京发行所
开本：700mm×1000mm　1/16
印张：14
字数：218 千字
定价：58.00 元